Prof. Dr.-Ing. Hermann Appel
Dipl.-Ing. Roland Külpmann
Dr. rer. nat. Helmut Kunze
(Bandherausgeber)

Entwicklungsmethoden im Automobilbau

Design-Styling
Computer

Dokumentation einer Fachtagung
im Rahmen des Automobilsalons Berlin 1988

Verlag TÜV Rheinland

CIP-Titelaufnahme der Deutschen Bibliothek

Entwicklungsmethoden im Automobilbau:
Design - Styling - Computer; Dokumentation einer Fachtagung im Rahmen des Automobilsalons Berlin 1988 / Hermann Appel... (Bd.-Hrsg.). -
Köln: Verl. TÜV Rheinland, 1990
(Information + [und] Innovation)
ISBN 3-88585-777-4
NE: Appel, Hermann [Hrsg.]; Automobilsalon <1988, Berlin, West>

ISBN 3-88585-777-4

Gesamtherstellung: Verlag TÜV Rheinland GmbH, Köln
Printed in Germany 1990

Geleitwort

Technologietransfer ist der Schlüssel von Wirtschaft und Gesellschaft zu neuem Wissen, das in marktfähige Produkte und Verfahren umgesetzt werden muß. Nur so kann der wirtschaftliche und technologische Strukturwandel von allen Unternehmen bewältigt werden.

Im Rahmen der Tätigkeit von TU-transfer der Technologie-Transfer-Stelle der Technischen Universität Berlin, ist eines der Instrumente des Technologietransfers die Planung, Organisation und Durchführung von technologieorientierten Fachseminaren und Tagungen.

Ziele dieser Veranstaltungen sind, sozusagen von der vordersten Front des Wissensproduktionsprozesses Ergebnisse in die Praxis zu vermitteln, kleine und mittlere Unternehmen über den Stand der Technik zu unterrichten sowie einen Einblick zu verschaffen in die Forschungstätigkeit der Technischen Universität Berlin.

Ein weiterer wesentlicher Gesichtspunkt ist es, durch diese Seminare Kooperationen zwischen den beteiligten Wissenschaftlern und der Wirtschaft zu initiieren. Um hier den Rahmen des wirtschaftlich Machbaren abzustecken, d.h. den Anwendungscharakter der referierten Technologien zu akzentuieren, setzen sich die Referententeams aus Wissenschaftlern der Universität und aus Vertretern von Unternehmen zusammen, die bereits in bestimmten Gebieten praktische Erfahrungen sammeln konnten.

Mit der Einrichtung der Schriftenreihe "TU-transfer: Information und Innovation" wird dieses Konzept konsequent weiter ausgebaut. Die zu den Veranstaltungen erscheinenden Tagungsbeiträge sollen hier in gebündelter Form einem interessierten Publikum zugänglich gemacht werden.

Weiterhin soll die Schriftenreihe allen anwendungsorientierten Publikationen aus der Technischen Universität Berlin offenstehen.

Prof. Dr.-Ing. M. Fricke
Präsident der Technischen Universität Berlin

Vorwort

Design und Konstruktion; Gedanken zu Inhalt und Bedeutung

Eigenartigerweise wollen bzw. wollten junge Ingenieure, wenn sie sich für den Bereich Forschung und Entwicklung eines Unternehmens entschieden haben, im allgemeinen lieber im Versuch oder in der Berechnung als in der Konstruktion arbeiten. Ist es doch der Konstrukteur, der das Produkt vorgibt und der bestimmt, was rechnerisch und experimentell untersucht werden soll. Ist es doch der Konstrukteur, der kreativ in der Konzeptphase gestalten kann und nicht, wie der Berechnungs- und Versuchsingenieur, nachvollziehen muß. Ist es doch der Konstrukteur, der mit seiner Freigabe die Verantwortung für ein Produkt übernimmt. Fehler in der Konstruktion wirken sich dramatisch aus.

Die Gründe, weshalb dennoch Versuch und Berechnung vom Jungingenieur bevorzugt werden, können hier nur angedeutet werden: Umgang mit dem ganzen und nicht nur mit Details, Einsetzen des erlernten theoretischen Wissens, Vermeidung des langwierigen Auseinandersetzens mit Normen und Standards.

Heute rücken diese Nachteile, mit denen die Konstruktion früher behaftet war, zunehmend in den Hintergrund. Ursache dafür sind die Möglichkeiten, die der Rechner in Form des Computer Aided Design (CAD), also des rechnergestützten Konstruierens bietet. Routine- und Wiederholarbeiten entfallen, Normen können abgerufen werden, Zeichnungen und Informationen lassen sich verläßlich speichern und austauschen, Rechenprogramme können aufgerufen, Versuche gesteuert werden. Der Konstrukteur ist durch die Entlastung in der Lage, seine Kreativität auszuspielen, mehr Varianten zu untersuchen, näher an die optimale Variante zu gelangen.

Der Konstruktionsprozeß von heute und morgen ist durch die Begriffe Rechnerunterstützung, Vernetzung, Teamarbeit, Datenaustausch geprägt. Design, Styling, Vorkonstruktion, Detailkonstruktion, Berechnung, Versuch arbeiten nicht nacheinander, sondern parallel, versetzt und vernetzt zusammen.
Dieser Wandel im Entwicklungsprozess ist revolutionär. Sehr weit fortgeschritten ist er beispielsweise in der Automobilindustrie. Hier kommt es in besonderem Maße darauf an, eine harmonische Synthese von Form und Funktion zu finden. Daraus ist erklärlich, daß Design und Styling einerseits und Konstruktion, Berechnung, Versuch andererseits eng und parallel zusammenarbeiten müssen. In manchen Firmen ist deshalb z. B. der Windkanal heute dem Design unterstellt.

Die Revolution des Entwicklungsprozesses hat auf der Ausbildungsseite zur Folge, daß in Hochschulen heute zunehmend Lehrveranstaltungen angeboten werden, die die Rechnerunterstützung in verschiedenen Integrationsstufen vom CAD über CAE (Computer Aided Engineering) bis zum CIM (Computer Integrated Manufacturing) beinhandeln und Ingenieure und Informatiker zusammenführen.

Der vorliegende Tagungsband vereint Vorträge, die auf der Tagung "Entwicklungsmethoden im Automobilbau, Design-Styling-Computer" von Designern, Konstrukteuren, Informatikern und Anbietern von Hard- und Software zu der geschilderten Problematik gehalten wurden. Die Referate wurden so wenig wie möglich verändert, um die Authentizität und den Workshopcharakter der Tagung zu erhalten.

Dieser Tagungsbericht soll einer breiten Öffentlichkeit die Möglichkeit bieten, sich mit der Problematik des Rechnereinsatzes in Design und Konstruktion auseinanderzusetzen.

Prof. Dr.-Ing. H. Appel

Danksagung

Die Veranstalter bedanken sich bei folgenden Unternehmen und Dienststellen für die freundliche Unterstützung dieser Tagung:

Intergraph Deutschland
Toyota Deutschland GmbH
Honda Europa GmbH R & D
Senat für Wirtschaft und Arbeit von Berlin
TU-transfer

INHALTSVERZEICHNIS Seite

Styling und Design im Wandel des Umfeldes

RICHTUNGSWEISENDE KONZEPTE IN DESIGN UND STYLING

T. Kuroyanagi; Toyota Motor Corporation

Toyota-Design, harmony of tradition and high technology
The Designing of Toyota Cars Tradition and High Technology

Firstly, I would like to talk about some of the characteristics of Japanese culture which has a deep relationship to Toyota's automotive design. Then I will state my thoughts regarding the relationship between high technology and design. You probably are very familiar with Japanese products, such as cameras, audio equipment, and automobiles. However, not too many people have the knowledge or understanding of Japan and its culture. I think our culture background greatly influences us, when we are seeing, feeling, or designing something. In other words, the way that beauty is perceived differs from culture to culture. Now, let me briefly introduce Japanese culture. (Figure 1.; 2.; 3.; 4.)

Figure 1.

Figure 2. Figure 3.

Figure 4.

Formation and Transition of "Japanese Culture"

Japan is an island located in the Far East with a population of one hundred twenty million (120.000.000) people. In its history, two outstanding foreign cultures were introduced to Japan: the first one from China in the sixth century, and the second from Europe and the United States in the mid-nineteenth century. It should be noted that the introduction of foreign culture to Japan was strictly voluntary and selective, and once it was introduced, it fused with the specific character of the Japanese culture and evolved into a unique culture.

Two Characteristics of "Japan's Oldest Culture"

From the tenth to third century b.C., a culture called "Jomonshiki" flourished. The characteristics of this culture is decorative with the application of rope pattern and lively form. In the third century b.C., a culture style called "Yayoishiki" with less ornamentation and cleaner silouette emerged and began to prosper. I believe these two totally different types of cultural characterstics still exist within the hearts of the Japanese people.

"Buddhist Culture" comes to Japan:
The Introduction of the First Foreign Culture

In the mid-sixth century, a highly sophisticated culture came across the ocean from China. If you compare Japanese and Chinese sculptures from the same era, you can see the great difference in the level of the two cultures and recognize how the Japanese people in those days must have been astonished by this new culture. Along with the "Buddhist Culture", the culture of the Chinese royalty and aristocracy were absorbed eagerly by the Japanese of that time.

Formation of "Japanese Culture"

By the end of the ninth century, Japanese government stopped trading with China, and during the next one thousand years, Japan's own culture developed. There are two main characteristics of this cultural developement period. One expresses the pleasure of living and symbolizes wealth and power which are evident in the works of art and buildings abundant with gold and gorgeous ornamentation. The other is the aesthetics of "Wabi", which is the taste for simplicity and quiteness which originated from "Zen" thought.

Many arts, such as the tea ceremony, flower arrangement, rock garden, Noh, literature, and black and white painting flourished. These two different types of culture co-existed side by side, and sometimes were enjoyed by one person in the same era. Eventually these two cultures spread to the non-aristocratic people and later reached the ideal level of sophistication and craftsmanship.

"Beginning of Modernization": Introduction of the Second Foreign Culture

In the late nineteenth century, our country opened its door for trade. Again, the Japanese people were astonished by the high level of the western culture which had experienced the industrial revolution. Rapid modernization and westernization took place, but because of this rapidness, it resulted in a negative tendency by the Japanese people to underestimate their traditional Japanese culture.

Today this westernization has infiltrated into the areas of fashion, food, and housing. However, it has not reached the one hundred percent mark yet and is still a combination of the traditional Japanese and Western style.

Relationship between "Culture" and Automotive Design
How to Cope with Culture Gap

This is a troublesome problem for both companies and designers. This problem became evident as many cars started to be driven in countries other than where they were produced. One solution to this problem is to research and understand, as much as possible, the culture and preferences of people in countries where a car is going to be driven. Toyota Motor Corporation conducts research and design work through its design studios in the United States and Belgium.

"Occurrence of the Diversity in the Sense of Values"

What is more troublesome is that within the one country of Japan, there is various sense of value. In addition to the generation gap, the same phenomenon is evident even within the same generation. When buying a car, people select one as an expression of their personality and lifestyle. "The Third Wave," as Alvin Toffler pointed out, is certainly spreading all over the world. In order to better cope with the differences in preferences and values, we should reexamine the present method of idea development, production, and sales.

During the planning and idea development stage, utilizing CAD/CAM systems is necessary to increase efficiency. However, computers will not create ideas for you.

A big change will also occur at the production stage. Presently at the Toyota Motor Corporation, it is not rare to see several different types of models being assembled on one production line. In the near future, some epoch-making, innovative system will become necessary in order to increase profit with less numbers of mass production cars. Furthermore, a system that places an order to the production line in quick response to the client's complex demands is being considered for implementation. Personal computers will become the salesperson's powerful support tool. But above all, what is most important, I believe, is to express a clear statement of individuality. We should try to develop a car that has originalty, is aesthetically beautiful, and incorporates high technology. American cars in the 1950ies, Italian cars in the 1960ies and the present day European cars are stars of their era. We at Toyota must try to shine more.

"Design and High Technology"; "CAD Systems Designers Can Use"

A few years ago, Toyota developed a CAD system which is very easy to use. Drawings which used to be hand drawn by the designers in the past can now be done on a CRT.
Furthermore, a CAD/CAM-System has already been put into practical use which develops a model by a NC (numerically controlled) machine based on the mathematical information about the model in the computer. This system, in conjunction with press-mold cutting machines and mold-making machines by parts suppliers, is greatly contributing to the development of high quality cars. By adopting this CAD/CAM system, we have greatly increased our processing speed and raised the level of design quality. Also, arbitrarily colouring of the model on the CRT, makes realistic expression possible. Next, I will show you a video of the Styling CAD System actually being used at Toyota Motor Corporation.

"On-Board Computer"

Cars are equipped with many computers already, and it is evident that many more computers will be utilized on cars in the future. As I mentioned earlier, we have no hesitation in adopting new and excellent ideas.

Many I.C. chips are entering into the Japanese households. Children are playing with personal computers. Industries, such as information collecting, are suitable for Japan, where it lacks in energy and other natural resources. My electronics engineering friend once told me: "Whatever you want is possible to realize now". Until now, we designers had to work in a passive manner under the engineers' directions. But now, our important mission is to think "What we can do for people?" and point out to engineers what direction to proceed.

Problems Toyota Faces and Directions Toyota Should Take

Problem Toyota Faces

Toyota cars were welcomed by users in many countries for its high performance and quality and low price. However, now due to the rapidly increasing value of the yen, we are loosing the battle in price competition. Also, cars are being pointed out as the cause for the trade imbalance "The Third Wave" which is described by Alvin Toffler is also surging. Still there are many difficult assignments ahead of out path. Now let me talk about what we should do as designers.

Directions We Should Take

The Japanese have always added sophistication to products, as an aesthetic object, even if it is a simple tool, instead of simply satisfying its function. Cars now mean more than just a simple means of transportation. Fortunately, in Japan we have a unique traditional culture, a keen sense of aesthetics and highly polished skills.

Mr. Ronald Keene of the United States pointed out that upto now Japan has learned many things from other countries in the world, but it has not given much impact to others. We must develop an attractive automobile. Not only aesthically beautiful, but it also has to be functional and reasonable. "Provide clients with an attractive product at a low price" has been Toyota's policy, since our company was founded. To give a simpler metaphor, a car can be compared to a package filled with ideas of people who developed it and to a culture of the country where it was developed.

If that package called "car" is truly attractive and useful, many people in the world will be pleased and will readily accept it. (Figure 5.; 6.; 7.; 8.)

Figure 5.

Figure 6.

Figure 7.

Figure 8.

K. Schallé, Audi AG

Arbeiten mit Freiformflächen in der Entwicklung von Karosserieformen

Während CAD-Systeme in den verschiedenen Konstruktionsabteilungen der Automobilindustrie etabliert sind, werden diese Werkzeuge von den für das Design oder das Styling Verantwortlichen noch mit Zurückhaltung betrachtet. Dies beruht zum einen auf den Unterschieden in den Anforderungskatalogen der Konstruktion und des Designs und zum anderen auf der jahrelangen Ausrichtung der CAD-Entwicklung auf die Anwendungen in der Konstruktion.
Historische gesehen hat sich aber jedes einzelne CAD-System spezifisch entwickelt, so daß eine definierte Teilmenge dieser Systeme - die Gruppe der adaptiven Basissysteme für Freiformgeometrien - auch für den Einsatz im Design geeignet ist. Ein Beispiel für CAD-Systeme dieser Kategorie ist das von der Volkswagen AG und der Control Data GmbH gemeinsam entwickelte CAD-System ICEM VWSURF, das seit Jahren im Design, in der Auslegung und in der Konstruktion von Karosserieaußen- und -innenteilen bei VW und Audi angewendet wird. Wie effektiv ein solches System heute im Stylingbereich eingesetzt werden kann, soll an einer von Audi am Bildschirm realisierten Modellstudie aufgezeigt werden.

Realisierung eines Gestaltungsprozesses am Bildschirm

Das Design spielt im Automobilbau eine bedeutende Rolle: Die Qualität des Produktes wird durch die Güte seines Designs zum Ausdruck gebracht; die Kaufentscheidung wird wesentlich vom Produktdesign ausgelöst. Als Grundstein jeder Fahrzeugentwicklung oder Produktaufwertung wird deshalb ein Designkonzept verabschiedet, in dem auch ein Bündel von fahrzeug- und produktionstechnischen Vorgaben festgelegt wird.

Mit welchen Arbeitsmethoden und Hilfsmitteln kann der kreative gestalterische Prozeß in der Phase der Entwicklung eines Automobils - man spricht von der Modellfindungsphase - beeinflußt und unterstützt werden?

Bei Automobilformen und -konturen - gleich ob Außenform, Innenausstattungsteil oder Tragstrukturen der Karosserie - handelt es sich um Anwendungsgebiete mit komplexer, frei gestaltbarer Produktgeometrie.

Hierfür wurde im VW-Konzern mit Hilfe von Control Data das flächenorientierte CAD-System ICEM VWSURF (ICEM: **I**ntegrated **C**omputer-Aided **E**ngineering and **M**anufakturing) entwickelt, das sich an den Bedürfnissen der Gestaltung und Veränderung von Freiformflächen und Konturen orientiert. Mit dieser maßgeschneiderten Anwendungssoftware für die Freiformflächengeometrie ist es möglich geworden, durch Oberflächenbeschreibungen am Bildschirm eine Vielfalt von Stylingmodellen zu schaffen - nicht nur in quantitativer Hinsicht. Der Designer erhält in einem frühen Stadium ein realistisches Bild eines neu zu entwickelnden Fahrzeugs und damit die Grundlage für die Verwirklichung zukünftiger Fahrzeuge. So wurde der Computer auch hier eine wichtige Hilfe.

Die Oberflächenbeschreibung der Stylingmodelle - das CAD-Modellieren - wird im Prozeßverlauf der Modellfindungsphase bei Audi von einem Team von Strakkonstrukteuren vorgenommen, das zugleich das Bindeglied zwischen Styling und den Konstruktionsabteilungen bildet. Die Strakkonstrukteure entwickeln nach Stylingvorgaben die genauere und reproduzierbare bildliche Darstellung des Stylingmodells am Bildschirm. Sie ist die Basis für weitere stylistische Veränderungen oder wird als Strakmodelldatensatz an die Konstruktionsabteilungen für weiterführende technische Untersuchungen übergeben.

Die unterschiedlichen Vorstellungen und Forderungen der Strakkonstrukteure und die Ansprüche der Designer an ihre Arbeitsgebiete verlangen in der Modellfindungsphase eine enge Zusammenarbeit zwischen Designer und Strakkonstrukteur. Der Strakkonstrukteur als Mittler zwischen der technisch-konstruktiv orientierten Seite und dem Produktdesigner muß hier versuchen, Gesichtspunkte der Ästhetik und der Technik in Einklang zu bringen. Durch diesen interaktiven Arbeitsprozeß entstehen bereits in der Modellfindungsphase Modelle mit hohem technischem Reifegrad.

Nachfolgend soll - ausgehend vom heutigen Stand der Technik - an einem Entwurfbeispiel der Audi AG, das als Arbeitsergebnis einen Fahrzeug-Grundkörper hat, das Modellieren mit ICEM VWSURF-Freiformflächen erläutert werden.
Das Entwurfsbeispiel wurde mit der Absicht entwickelt, Arbeitsmethoden mit ICEM VWSURF zu beschreiben, die als Hilfestellung für Designer in der Modellfindungsphase gedacht sind. Selbstverständlich kann die Methode, die zur Erzeugung der Grundform führt, auch bei allen konstruktiven Arbeiten angewendet werden. Der Arbeitsverlauf ist experimentell und iterativ angelegt. Das Entwurfsbeispiel steht nicht für eine Standardmethode, sondern zeigt eine unter vielen möglichen Vorgehensweisen, abhängig von der jeweils gewünschten Form.

Das VWSURF-Softwareprogramm bietet eine Vielzahl von Möglichkeiten, Flächen zu entwickeln und zu manipulieren. Es liegt in der Kreativität des Anwenders, die optimale Vorgehensweise für seine Aufgabenstellung zu finden. Modernste Technik hilft, zukünftige Technik zu entwickeln. Dabei kann auf den Erfindergeist des Menschen keinesfalls verzichtet werden. Nach wie vor wird mit dem Entwurf des Designers auf dem Arbeitstisch der Grundstein für ein neues Modell gelegt. Der Designer entwickelt aus Skizzen und Renderings seine Ideen zum Produkt (Bild 1. und 2.).

Bild 1. und 2. Renderings

Auf einer vorliegenden Packagezeichnung im Maßstab 1 : 4 (technische Fixpunkte, Hardpoints) (Schritt 0 im Designablauf entsprechend Bild 3.) werden die Grundproportionen und wesentlichen Formcharakteristika mit Hilfe der Tapetechnik dargestellt, um so einen ersten Eindruck von den geometrischen Abmessungen zu erhalten. Zwar wäre es auch möglich, mit den vorausgehenden Schritten bereits die Arbeit am Bildschirm zu beginnen, doch bietet die Tapetechnik in dieser Phase durch Verwendung eines größeren Maßstabs Vorteile. Das erstmalige Umsetzen eines graphischen Bildes in reale Geometrie auf dem Tapeplan unterstützt die Suche nach der idealen Linie besonders gut.

Mit den Vorgaben des Tapeplanes kann nun das Flächenmodellieren am Bildschirm beginnen. Dabei gliedert sich der Designablauf nach Bild 3. in folgende Schritte:

- Schritt 1: Definieren des Fahrzeuglängsprofils (Mitte Fahrzeug) entsprechend den Hardpoints Länge, Höhe. Übernahme von Referenzpunkten aus dem Tapeplan zur Festlegung der Längskontur.

- Schritt 2: Verbinden der Referenzpunkte zu Freiformkurven und Modellieren der gewünschten Form. Aufteilen der Kurve entsprechend ihrer Krümmung und Gesichtspunkten der Teiltrennung (zum Beispiel Front- und Heckscheibenlage, Stoßfängerhöhe).

- Schritt 3: Entwickeln der Brüstungslinie (Kabine) entsprechend den Hardpoints (Schulterraum). Definieren zweier Punkte auf Mitte Wagen, die zugleich die Unterkante Front- und Seitenscheibe bestimmen. Verbinden dieser Punkte zu Kurven. Modellieren der gewünschten Form im Grundriß.

- Schritt 4: Nach Bestimmen von Breite und Höhe der Brüstungslinie im vorderen und seitlichen Bereich des Fahrzeugs wird die Brüstungslinie um das Heck weitergeführt. Wie in Schritt 3 werden zwei Punkte definiert, zur Kurve entwickelt, und die gewünschte Form der Brüstungslinie wird modelliert.

- Schritt 5: Grundform der Seitenscheibe aufbauen, um Kabinenbreite im Dachbereich zu gestalten. Zwei X-Schnitte bestimmen, die die Scheibe in ihrer Längsachse begrenzen (hier sind es X 600 und X 2600). Gestalten der Grundrißform durch eine Kurve, die aus der Brüstungslinie entwickelt wird. Die Kurve wird durch Rotation über die X-Schnitte gespannt.

- Schritt 6: Erzeugen der Rotationsfläche - Seitenscheibe - mit Hilfe der in Schritt 5 erstellten Daten. Das Ergebnis ist der Grundkörper der Seitenscheibe.

- Schritt 7: Modellieren der Umrißkonturen Pfosten A und Dach im Aufriß, Entwickeln zweier Kurven aus den Flächenrändern der Seitenscheibe. Modellieren der gewünschten Seitenscheibenbegrenzung und Projizieren dieser Begrenzungen auf die Scheibenfläche.

- Schritt 8: Flächenaufbau der Frontscheibe, damit Begrenzung der Kabine zur Frontpartie. Aufbau der Frontscheibenfläche aus den Kurven der Seitenscheibe, Fahrzeugmittelschnitt um Brüstungskurve. Modellieren der Scheibenform. Die Scheibenoberkante bildet zugleich die Begrenzung des Daches.

- Schritt 9: Entwickeln der Flächenteile Tür- und Seitenscheibe. Die Trennung der Scheibe bestimmt auch die Lage des Pfostens B: Er wird durch eine Kontur in der gewünschten Position festgelegt. Umwandeln dieser Kontur zur Kurve und Projizieren auf die Scheibengrundfläche. Flächenaufbau aus den Seitenscheibenkurven und der untenliegenden Scheibenfläche.

- Schritt 10: Aufbau der Heckscheibenfläche als Begrenzung der Kabine zur Heckpartie. Die Heckscheibe wird aus den Kurven vom Fahrzeugmittelschnitt sowie der Brüstungskurve und dem Flächenrand Seitenscheibe aufgebaut. Die erzeugte Fläche wird in ihre gewünschte Position modelliert. Die Scheibenoberkante bildet die Begrenzung des Daches.

- Schritt 11: Aufbau der Dachfläche aus den vorher bestimmten Umrißkonturen, Flächenrändern, der Front- und Heckscheibe und den Kurven der Seitenscheibe. Dachfläche mit drei Patches (Flächen) entsprechend der Krümmungsform gestalten und in die gewünschte Form modellieren.

- Schritt 12: Aufbau des Karosserieunterteils, nachdem die Kabine bestimmt ist. Aufbau einer Fläche, ausgehend von der Brüstungslinie. Diese ist für die theoretische Brüstungsbreite maßgebend.

- Schritt 13: Ausbilden der Brüstungsform. Durch Abstellung vom Rand der Fläche "Brüstungsbreite" wird eine Fläche erzeugt, die in die gedachte Position und dann zur Endform modelliert wird.

- Schritt 14: Formbestimmung der Gürtellinie und auch der Gestaltung der Seitenfallung. Ausgehend vom unteren Flächenrand der Seitenscheibe wird eine Fläche erzeugt und in die gewünschte Position modelliert. Die Ausdehnung der Fläche nach vorn wird durch den Radausschnitt begrenzt, nach hinten wird sie schnittgleich mit der Brüstungsform modelliert.

- Schritt 15: Basisfläche der Gürtellinie an ihrem oberen Längsrand verkürzen. Damit wird die Höhe Kotflügel bestimmt. Modellieren der neuen Fläche der oberen Seitenfallung, im hinteren Bereich mit der Gürtellinienfläche krümmungsgleich modellieren.

- Schritt 16: Weiterer Aufbau des Kotflügels durch Erzeugen einer Fläche. Abstellen vom vorderen Rand der Gürtellinienfläche. Modellieren der gewünschten Form um den Radausschnitt und auf Höhe Stoßfänger. Der Radausschnitt wurde im Packageplan definiert.

- Schritt 17: Erzeugen der Deckflächen Kotflügel und Motorhaube. Bestimmen der Fahrzeugpeilung (Grundriß Frontpartie). Die Deckfläche Kotflügel wird durch Abstellen des in Schritt 16 erzeugten Flächenrandes bestimmt. Die Deckfläche Motorhaube wird aus den Flächenrändern Kotflügeldeckfläche und Brüstungsfläche sowie der Kurve Mitte Fahrzeug entwickelt. Die Flächen werden in ihre gewünschte Form modelliert.

- Schritt 18: Aufbau des Stoßfängers vorn als Teil des Fahrzeugvorderteils. Feststellen des Stoßfängermittelteils durch eine Profilfläche. Basis ist die Kurve Mitte Fahrzeug, die entlang dem Flächenrand der Motorhaubendeckfläche geführt wird. Nachmodellieren der aufgebauten Fläche.

- Schritt 19: Weiterführen des Stoßfängers zum Radausschnitt. Der äußere Teil wird wie der mittlere Teil des Stoßfängers als Profilfläche ausgeführt, die am Flächenrand der Kotflügeldecke aufbaut.

- Schritt 20: Aufbau der fortgesetzten Deckfläche des Kotflügels und Ausformen der Gürtellinienfläche. Die Gürtellinienfläche wird danach ausgerundet. Hierzu wird die Fläche dupliziert, um die Grundform als Referenz zu erhalten.

- Schritt 21: Aufbau der fortgesetzten Deckfläche des Kotflügels. Aus den Flächenrändern vordere Deckfläche, Kotflügel, Gürtellinienfläche und Brüstungsfläche wird die fortgesetzte Deckfläche Kotflügel aufgebaut und in die gewünschte Form modelliert.

- Schritt 22: Aufbau der Grundfläche für das Heck als Fortsetzung zur seitlichen Gürtellinienfläche. Die notwendige Fläche wird durch Abstellung von dem Flächenrand Heckscheibe erzeugt und in die gewünschte Form modelliert. Die formbestimmende Grundrißstruktur für die weitere Ausarbeitung des Hecks liegt damit fest.

- Schritt 23: Aufbau der Heckgrundfläche als Basis für die Gestaltung der Heckleuchte.

- Schritt 24: Gestaltung von Seiten- und Heckpartie. Entwickeln des Sickenbandes, das den Fahrzeugtorso-Ober- und -Unterteil formal trennt. Vom Rand der Gürtellinienfläche wird durch Abstellung eine Fläche erzeugt. Diese Fläche bestimmt die Sickentiefe. Der Sickengrund soll parallel zur Gürtellinienfläche sein, hierzu wird diese vergrößert und dupliziert. Von der so erzeugten Hilfsfläche wird ein Offset ausgeführt, das die Grundfläche des Sickengrundes bildet.

- Schritt 25: Gestalten des keilförmigen Sickengrundes. Auf die Hilfsfläche wird vom Rand der Gürtellinienfläche eine Kurve entsprechend der Keilform projiziert. Sie bildet die Begrenzung des Sickengrundes nach unten. Aus dem Flächenrand der die Sickentiefe bestimmenden Fläche und der Kurve wird der Sickengrund aufgebaut.

- Schritt 26: Ausformen des seitlichen Sickenteils. Vom unteren Rand des Sickengrundes wird eine Fläche durch Abstellung erzeugt. Diese Fläche wird entsprechend der Formvorstellung in unterschiedlicher Breite ausgeführt. Es entsteht damit das Sickenprofil im seitlichen Fahrzeugtorso.

- Schritt 27: Fortsetzen des seitlichen Sickenbandes zum Heck durch Erzeugen von Profilflächen. Aus den Endrändern der seitlichen Sickenflächen wird eine Kurve erzeugt, die das Profil um die Heckleuchte bildet. Die Profilführungskurve wird durch den Flächenrand Heckleuchte gebildet. Verändern der erzeugten Flächen nach Formvorstellung.

- Schritt 28: Weiterführen der Profilfläche des Sickenbandes im Heckbereich. Damit ist die Grundrißbreite des unteren Fahrzeugtorsos bestimmt.

- Schritt 29: Entwickeln der Seitenfallungsflächen. Ausgehend vom unteren seitlichen Sickenflächenrand wird eine Abstellung unterschiedlicher Breite ausgeführt. Die erzeugte Fläche wird im vorderen und hinteren Bereich entsprechend den Radausschnitten ausgeformt. Die Unterkante wird auf Höhe Schweller modelliert. Die Fläche in sich erhält ihre Fallungsform.

- Schritt 30: Ausformen der Schwellerpartie. Vom unteren Flächenrand Seitenfallung wird eine Basisfläche durch Abstellung erzeugt. Die Fläche wird in ihre gedachte Form modelliert. In den Radbereichen wird sie dem gewünschten Radausschnitt angeformt.

- Schritt 31: Gestalten des hinteren Stoßfängers als Bestandteil des Fahrzeugkörpers mittels Profilflächen. Erzeugen einer Kontur auf Mitte Wagen, die zur Kurve umgewandelt wird.

- Schritt 32: Ausgehend von der Profilkurve in Schritt 31 wird der mittlere Teil des Stoßfängers als Profilfläche erzeugt. Das Profil wird entlang dem unteren Flächenrand der Hecksickenfläche geführt.

- Schritt 33: Aufbau der fortgesetzten Stoßfängerform durch eine Profilfläche. Die erzeugten Flächen werden entsprechend dem Radausschnitt und der gewünschten Form verändert. Modifizieren der angrenzenden Flächen der Seitenfallung.

- Schritt 34: Ausrunden des Sickenbandes zur Seitenfallung und im hinteren Stoßfängerbereich.

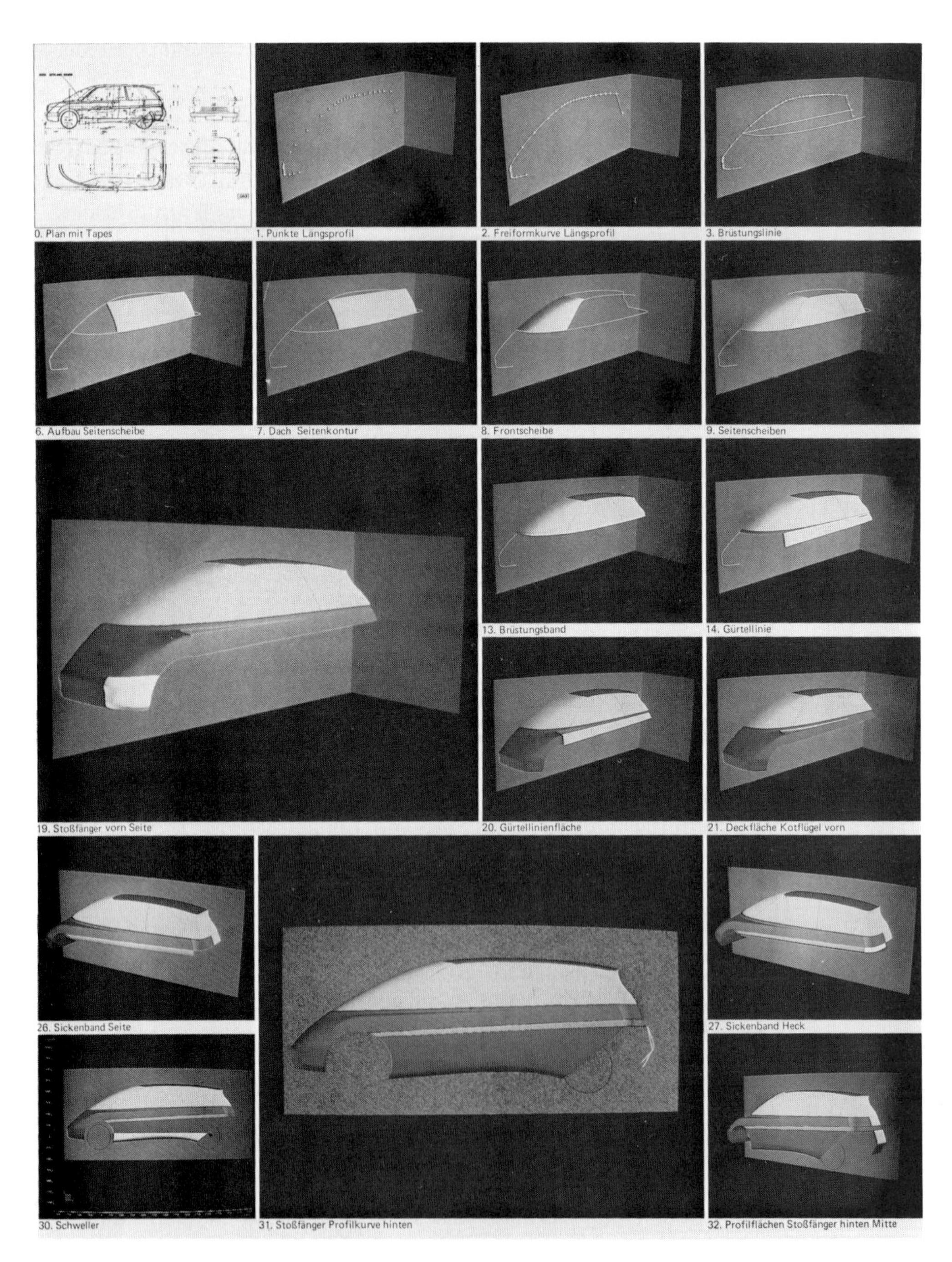

Bild 3.1. Designablauf: Von der Linie zum Flächenmodell

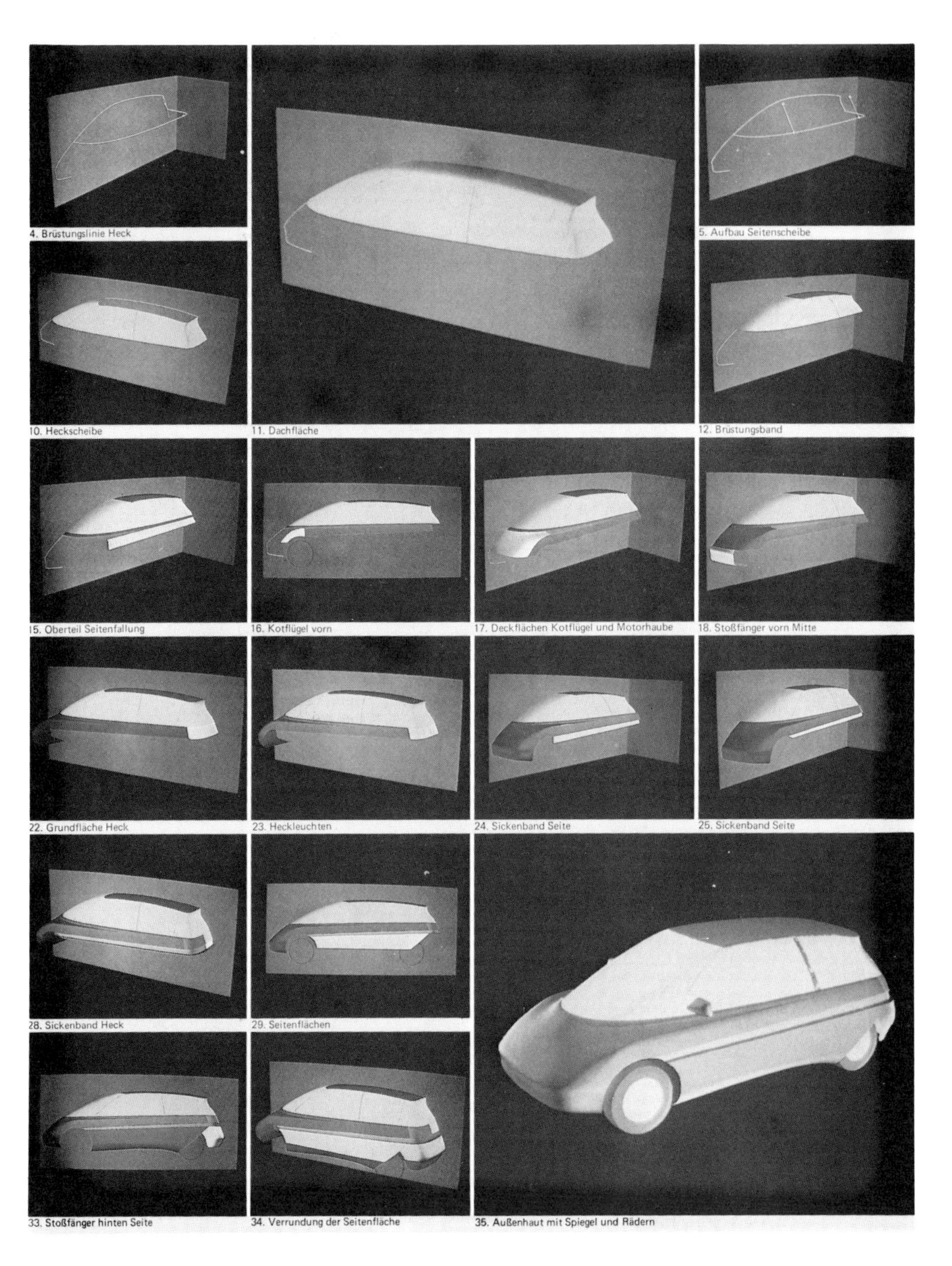

Bild 3.2. Designablauf: Von der Linie zum Flächenmodell

Um einen Eindruck vom bisher erzielten Arbeitsergebnis zu bekommen, läßt sich neben den verschiedenen Flächen-Diagnosearten (zum Beispiel Highlights, Krümmungsdiagnose) eine Farbvisualisierung durch schattierte Darstellung vornehmen. In jeder Phase des Entwicklungsablaufs können die Flächen und zum Schluß das vollständige Modell aus jeder gewünschten Richtung beleuchtet und in jeder denkbaren Perspektive betrachtet und verändert werden. Die schattierten Bilder vermitteln dem Betrachter den Eindruck des wirklichen Modells (Schritt 35 des Designablaufs in Bild 3.).
Modernste Workstations sind Voraussetzung für eine Visualisierung dieser Art. Nur sie bieten die lokalen Zoom-, Rotations- und Translationsfunktionen für die Bewegung des Modells.
Bei der Teilvisualisierung oder der vollständigen Visualisierung eines Modells sollte man sich bewußt sein, daß kein zweidimensionales Bild vorliegt, sondern ein Modell eines Fahrzeugs mit seinen vollen Abmessungen. Es ist nicht vergleichbar mit einem Entwurfskonzept, das bestenfalls einen Eindruck davon vermittelt, wie das Ergebnis aussehen könnte, das aber nicht modellhaft zeigt, wie das Ergebnis tatsächlich ausfallen wird.
Schließlich ist in einer bisher ungewohnt kurzen Zeit - 15 Arbeitstage wurden für dieses Modell benötigt - ein Modelldatenbestand geschaffen worden, der das Gesamtfahrzeug in einer zufriedenstellenden Form beschreibt.
Da das Modell nur die Basis für die weitere Formgestaltung des Fahrzeugs bildet - es erhebt nicht den Anspruch, in seiner Gesamtheit schon vollkommen ausgereift zu sein - , ist an dieser Stelle zu entscheiden, ob ein physisches Modell in Originalgröße oder in einem kleineren Maßstab angefertigt werden soll oder ob man den weiteren Reifeprozeß am Bildschirm fortführen will.
Von dem hier vorgestellten Entwurfsbeispiel wurde mit der NC-Frästechnik ein 1:4-Modell angefertigt, Bild 4.

Bild 4. NC-gefrästes Modell im Maßstab 1:4

Bild 5. NC-Fräsbahnen

Die Daten der vollständig oberflächenbeschriebenen Karosserie wurden am Bildschirm mit Fräsbahnen, Bild 5., belegt (vier Arbeitstage) und auf einer NC-Fräsmaschinen (zwei Arbeitstage) in ein Modell umgesetzt. Das Modell dient dem Stylisten als Ausgangsbasis für weitere Veränderungen der Form.

Mit dem Einsatz von ICEM VWSURF im kreativen Bereich der Formgestaltung wird den Stylisten und Strakkonstrukteuren ein CAD-Werkzeug zur Verfügung gestellt, das sie befähigt, in kurzer Zeit hochwertige Oberflächenmodelle zu entwickeln. Mit der 3D-Darstellung durch den Computer wird die Kreativität des Stylisten noch mehr gefordert als bei konventioneller Technik, da das Umsetzen eines Rendering in reale Geometrie immer wieder neue formale Fragen aufwirft.

Andererseits stellt der Designprozeß am Bildschirm bei Freiformflächen-Modellen hohe Anforderungen an das CAD-Werkzeug: die kreative Arbeit des Stylisten darf nicht durch allzu viele technische Arbeitsschritte behindert werden. Vielmehr muß das CAD-System hochwertige Funktionen - spezialisiert auf die Bearbeitung von Freiformflächen - anbieten, in denen all das technische Know-how integriert ist, das den anspruchsvollen Anwender im Gestaltungsprozeß schnell und informativ unterstützen kann. Diese Voraussetzungen kön nen nur von CAD-Systemen erfüllt werden, die im folgenden als "adaptive CAD-Basissysteme für Freiformflächen" gekennzeichnet und deren strukturelle Unterschiede zu "allgemeinen" CAD-Systemen aufgezeigt werden sollen.

Merkmale adaptiver CAD-Basissysteme

Bevor der Begriff "adaptives CAD-Basissystem" erläutert wird, soll ein Überblick über die CAD-Systeme gegeben werden, Bild 6.

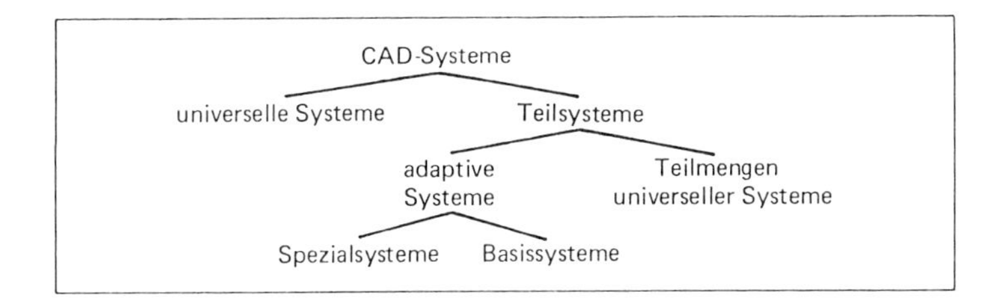

Bild 6. CAD-Systeme im Überblick

Als universelles CAD-Basissystem wird ein rechnergestütztes Konstruktionswerkzeug dann klassifiziert, wenn die unterschiedlichsten Konstruktionsbereiche - zum Beispiel der Stahlbau, der Formenbau oder die Fahrzeugkonstruktion - dieses System einsetzen können. In jedem dieser Anwendungsbereiche müssen nahezu alle Phasen eines Konstruktionsprozesses - also nach Möglichkeit vom Design bis zur endgültigen Produktformbeschreibung - abgedeckt werden.

Eine derart große Einsatzbreite bedingt eine Vielfalt der anzubietenden Geometrieelemente (und ihrer mathematischen Repräsentationsmodelle, Bild 7.) - Kurven (beispielsweise Kegelschnitte, Splines, Freiformkurven), Flächen (zum Beispiel Polyeder, analytische Flächen, Freiformflächen), Körper (Kugeln, Würfel, Zylinder, Freiformflächenrepräsentationen) - sowie ein für jedes dieser Geometrieelemente anzubietendes Funktionsspektrum.

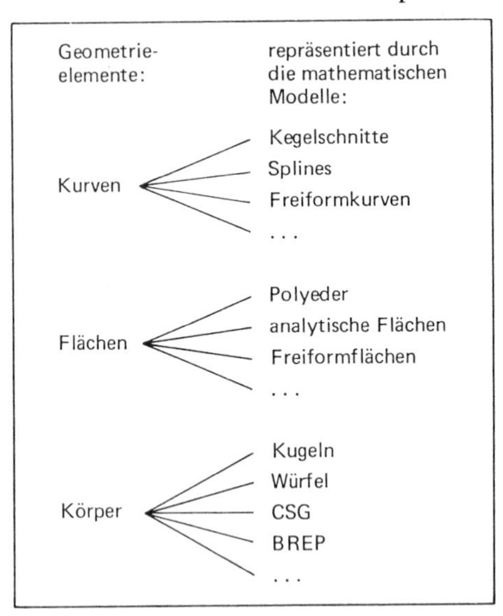

Bild 7. Mathematische Repräsentationen von Geometrieelementen

Die Lösung einer konkreten Konstruktionsaufgabe mit Hilfe eines universellen CAD-Systems bedeutet für den Anwender:

- Umsetzen der Konstruktionsidee durch Verwendung geeigneter Geometrieelemente des CAD-Systems, Verwendung geeigneter mathematischer Repräsentationsmodelle, Berücksichtigung der zur Verfügung stehenden elementaren CAD-Funktionen, Aufstellen eines Funktionsablaufplans;
- Ausführen der CAD-Funktionen.

Neben diesen universellen CAD-Systemen (zum Beispiel CADDS, CATIA, ICEM DDN) gibt es Konstruktionswerkzeuge, deren Angebot an Geometrieelementen und/oder Funktionen eingeschränkt ist - zum Beispiel auf einen bestimmten Anwendungsbereich im Maschinenbau.

Sind die hier vorhandenen Funktionen in ihrer Struktur den entsprechenden Funktionen eines universellen Systems vergleichbar, kann dieses System als Teilsystem bezeichnet werden. Abgesehen von möglicherweise günstigeren Anschaffungskosten wird ein solchermaßen reduziertes System für den Benutzer erst dann interessant, wenn die verfügbaren Funktionen so implementiert sein, daß sie für sich allein bereits einem komplexen Zusammenspiel von Basisfunktionen eines universellen Systems entspricht, das nicht notwendigerweise nur eine sequentielle Abfolge von Einzelfunktionen ist, sondern fallunterscheidend hierarchisch verzweigen kann.

Diese "High-Level-Funktionen" entfernen sich, wie Bild 8. deutlich macht, immer mehr von den Basisfunktionen, die mit elementaren Geometrieelementen operieren, in Richtung globaler, den Konstruktionsprozeß direkt - also ohne Umsetzung seitens des Konstrukteurs - unterstützender Funktionen. Ein mit dieser High-Level-Funktionalität ausgestattetes System kann als adaptives CAD-System bezeichnet werden (Bild 6.).

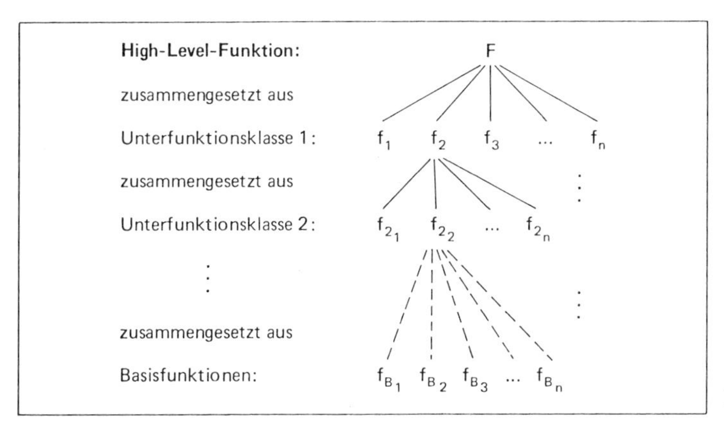

Bild 8. High-Level-Funktion

Adaptiven Systemen können zwei unterschiedliche Spezialisierungstendenzen zugrunde liegen:
Zum einen kann ein solches System als Spezialwerkzeug für eine definierte Anwendung ausgerichtet sein - beispielsweise für die Außenhautkonstruktion im Automobilbau, die Aggregatekonstruktion oder die Brennraumkonstruktion. Diese adaptiven CAD-Spezialsysteme zeichnen sich dadurch aus, daß ihre High-Level-Funktionalität in enger Bindung an eine bestimmte Anwendung optimiert ist. Als Folge dieses hohen Spezialisierungsgrades kann es dazu kommen, daß zum Beispiel ein auf die Außenhautkonstruktion eines Personenkraftwagens ausgerichtetes System nicht mehr für das Design von keramischen Gegenständen angewendet werden kann, weil diese zum Teil rotationssymmetrisch erzeugt werden müssen.

Zum anderen können adaptive Systeme auf bestimmte Repräsentationsmodelle und ihre konstruktive Bearbeitung hin optimiert sein. Dann ist die High-Level-Funktionalität nicht nur in einer bestimmten Anwendung nutzbar, sondern in allen Bereichen, deren Produktformen eben mit diesen ausgewählten Repräsentationsmodellen beschreibbar und konstruierbar sind.
Eine solche mathematische Repräsentation wäre zum Beispiel die Freiformkurve/-fläche, die in der Pkw-Außenhautkonstruktion oder der Brennraumkonstruktion ebenso zur Anwendung kommen kann wie etwa im Design von Eßbestecken.

Ein solches adaptives CAD-System gehört nicht mehr zur Kategorie der Spezialsysteme im üblichen Sinne. Seine einzige Beschränkung liegt darin, daß seine über das Universalsystem hinausreichende Leistungsfähigkeit nur für diejenigen Produktformen nutzbar ist, die mit den speziellen Repräsentationsmodellen beschreibbar sind. Darauf aufbauend kann eine High-Level-Funktionalität für alle mit diesem Formenspektrum arbeitenden Konstruktionsbereiche verwirklicht werden. Für diese Bereiche wird es zum Basissystem, genauer: zu einem adaptiven CAD-Basissystem. Es vereinigt die High-Level-Funktionalität des Spezialsystems mit der Einsatzbreite eines Basissystems.

Wie entsteht ein Basissystem dieser Ausprägung? Wie sehen High-Level-Funktionen eines solchen Systems aus? Leisten diese Funktionen wirklich "Hochwertiges"? Wie gestaltet sich die Weiterentwicklung der CAD-Systeme? Diese Fragen sollen am Beispiel des adaptiven CAD-Basissystems für Freiformgeometrien ICEM VWSURF beantwortet werden.

Wie ein adaptives CAD-Basissystem entsteht

Als gegen Ende der sechziger Jahre die Volkswagen AG mit der Entwicklung eines eigenen CAD-Systems begann, war den seinerzeit auf dem Markt befindlichen Universalsystemen das Repräsentationsmodell der Freiformgeometrien nicht bekannt. Diese Chance, ein System für bislang bearbeitbare Produktformen zu erstellen, wurde unter enger Einbeziehung der Konstrukteure genutzt: Das Wissen der Konstrukteure ging in das ICEM VWSURF bei der Festlegung der zu implementierenden Funktionen, beim Zusammenspiel dieser Funktionen und bei der Ausprägung jeder einzelnen Funktion ein, während die Programmentwickler von VW und Control Data interne Strukturen und mathematische Repräsentationen der benötigten Geometrien konzipierten und die vorgegebene Funktionalität implementierten. Beim Einsatz des so entwickelten Systems gelangten die Anwender sehr schnell zu einer Perfektion in der Bedienung. Die

Möglichkeiten des Systems wurden spielerisch ausgenutzt und die Chancen für konkrete Erweiterungen erkannt. Damit begann ein Wechselspiel zwischen den Anwendern der Konstruktionsabteilungen von VW und Audi und den Entwicklern in Hannover und Wolfsburg in der Weiterentwicklung von ICEM VW-SURF, dessen Ende bislang nicht absehbar ist.
Die Anwenderwünsche werden berücksichtigt, das Resultat wird sofort genutzt, und dadurch werden neue Ideen bei der Konstruktionsunterstützung geboren. Hier liegt das "Geheimnis" eines adaptiven Systems: Die Ideen und Erfahrungen der Anwender - also der Experten - werden durch die Programmierer direkt übertragen, und das so verbesserte System erzeugt beim Anwender neue Ideen zur Steigerung der Effektivität des Werkzeugs. Ohne eine direkte Integration des Expertenwissens können eine solch hochwertige Funktionalität und damit ein effektiver Einsatz des CAD-Systems nicht realisiert werden.

Das im ICEM VWSURF enthaltene Expertenwissen ist nicht nur für Konstruktions- und Designabteilungen von Automobilfirmen relevant: eine Spezialisierung zum Beipiel auf die Form einer Karosserie wurde nicht vorgenommen - lediglich eine spezifisch erhöhte Leistungsfähigkeit in der Bearbeitung von Freiformkurven- und -flächen läßt sich konstatieren. Da die durch Freiformgeometrien beschreibbare Produktvielfalt aber durch identische Konstruktionsverfahren generierbar und manipulierbar ist, kann das im ICEM VWSURF enthaltene Experten-Know-how überall dort erfolgreich genutzt werden, wo Freiformgeometrien die Gestaltungsgrundlage bilden. So wird das System auch zunehmend bei der Konstruktion von stylistisch auszuformenden Kunststoffteilen verwendet, bei denen nicht wie bei Blechformen von konstanten Materialdicken auszugehen ist, sondern außer der Stylingform eine zweite Oberflächenbeschreibung für die Aussteifungen generiert werden muß. Damit ist die unabdingbare Voraussetzung eines CAD-Basissystems für Freiformgeometrien erfüllt.

Die Spezialisierung auf ein bestimmtes Formenspektrum, verbunden mit der Integration der Anwender in das Design des CAD-Systems, ist das Erfolgskonzept für ein adaptives CAD-Basissystem.

Kennzeichen eines adaptiven CAD-Basissystems

Sind adaptive Basissysteme im Vergleich zu universellen Systemen wirklich soviel effizienter, daß eine formale Begriffsdifferenzierung gerechtfertigt ist? Dieser Frage soll anhand ausgewählter Anwendungsbeispiele des Systems ICEM VWSURF nachgegangen werden.

Geometrische optimierte Datenstruktur

Beim manuellen Entwurf am Zeichenbrett werden nur Kurvenläufe generiert, zwischen denen Oberflächeninformationen nicht bestimmt sind. Die endgültige Produktform ergibt sich erst in einem dem eigentlichen Konstruktionsprozeß nachgeschalteten Bearbeitungsvorgang am Modell [1].

Mit Hilfe des CAD-Werkzeugs ist nun die exakte Flächenbeschreibung integraler Bestandteil des Gestaltungsverfahrens am Bildschirm. Beim Erstellen dieser Flächenbeschreibung ahmen universelle CAD-Systeme aber die Vorgehensweise der manuellen Technik nach: Aus den Hardpoints wird zunächst ein Kurvenmodell und aus diesem dann erst ein Flächenmodell entwickelt.

Die Karosseriekonstrukteure in Wolfsburg und die Systembetreuer bei Control Data erkannten beim Design des ICEM VWSURF die Schwächen dieses Vorgehens: Bei allen notwendigen iterativen Modelländerungen müssen stets beide Geometriemodelle angepaßt und verformt werden. Deshalb wurde bei ICEM VWSURF der Weg einer direkten Flächengenerierung aus vorhandenen Abtastdaten beschritten. Dieser Weg führt über eine vorgeschaltete Strukturierung der Produktform, bei der die Grenzen der Einzelflächen, die Übergangsbedingungen an diesen Grenzen und die Nachbarschaftsbeziehungen zwischen den Einzelflächen festgelegt werden. Diese Strukturierung wird an den Abtastdaten vorgenommen. Sie berücksichtigt ausschließlich geometrisch bedingte Grenzen an Knicken und an Übergangsstellen zwischen sehr unterschiedlichen Flächenkrümmungsbereichen. Aus dieser Einzelflächenstruktur ergibt sich direkt die Flächenbeschreibung im globalen Zusammenhang. Die Vorteile einer konsequent an der Form des Produktes ausgerichteten Flächenstruktur beeinflussen den gesamten Konstruktionsprozeß, Bild 9.:

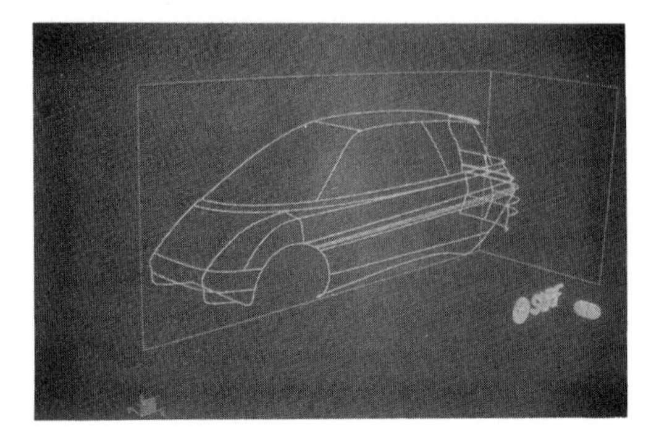

Bild 9. Wireframe

- Jede Einzelfläche hat eine maximale Ausdehnung. Die Begrenzung wird vom Anwender kontrolliert.
- Die Gesamtzahl der Einzelflächen ist minimal.
- Die Bearbeitungszeit ist abhängig von der Anzahl der Einzelflächen - und damit auch gering.
- Die notwendigen Ausformungen der Oberfläche können zum überwiegenden Teil an Einzelflächen vorgenommen werden.
- Übergangsbedingungen zwischen Einzelflächen können automatisiert überprüft und angezeigt werden.

Erst durch diese anwendungsorientierte Funktionalität ergibt sich die Effizienz des CAD-Systems.

Eine im ICEM-VWSURF verfügbare Funktionalität - der "T-Stoß" - trägt nicht unwesentlich zur Effizienz bei. An den Rand einer Einzelfläche schließt sich nicht ein Nachbarpatch mit identischem Rand an, sondern eine Kollektion von zwei oder mehreren Nachbarflächen. Diese einseitige Verfeinerung der Flächenstruktur resultiert aus der geometrischen Form, und - das ist entscheidend - sie setzt sich fort über weitere Nachbarflächen, so daß die Anzahl notwendiger Einzelflächen auch hier minimiert wird (siehe Schritt 17 und 18 im Designablauf gemäß Bild 3.).

Der Weg einer direkten Flächengenerierung aus Abtastdaten darf allerdings nicht der einzige Weg sein: Für den Stylisten einer Karosserieaußenhaut stehen zum Beispiel keine Abtastdaten zur Verfügung. Er muß seine Ideen in die Generierung von Kurven umsetzen können, aus denen dann - möglichst global - die Oberflächenform gebildet wird. ICEM VWSURF unterstützt diese Technik mit einer konsequent an den geometrischen Kurvenformen ausgerichteten Strukturierung (Bild 9.):

- automatische Nachbarschaftserkennung,
- maximale Segmentgrößen,
- beliebige Übergangsbedingungen,
- globale Glättung,
- globale Verformung.

Neben der optimalen Effizienz beim Erstellen und Bearbeiten eines Kurvenmodells ist mit Sicherheit auch die Qualität des Gestaltungsprozesses von Bedeutung. Erst wenn der Komfort der CAD-Funktionen qualitativ so hoch ist, daß ein Stylist durch die Anwendung dieser High-Level-Funktionen nicht in seiner Kreativität behindert, sondern zu neuen Ideen angeregt wird, erst dann findet ein CAD-System die gewünschte Akzeptanz. Die Bearbeitung globaler Modellkurven mit beliebig vorgebbaren Verformungsbereichen und Strakeigenschaften ist eine solche High-Level-Funktion von ICEM VWSURF.

Sie verdeutlicht auch das Topologiekonzept, das in einem Universalsystem nicht realisierbar ist. Mit der aus Abtastdaten oder aus dem Kurvenmodell generierten Flächenbeschreibung kann sofort eine globale Kurvenbearbeitung vorgenommen werden. Dabei sind die Kurven die topologisch zusammenhängenden Randkurven der Einzelflächen. Die Ergebnisse dieses Gestaltungsprozesses können dann direkt in die Ausgangsflächen übernommen werden, ohne Berücksichtigung des vorhandenen oder die Erzeugung eines neuen Kurvenmodells, Bild 10.

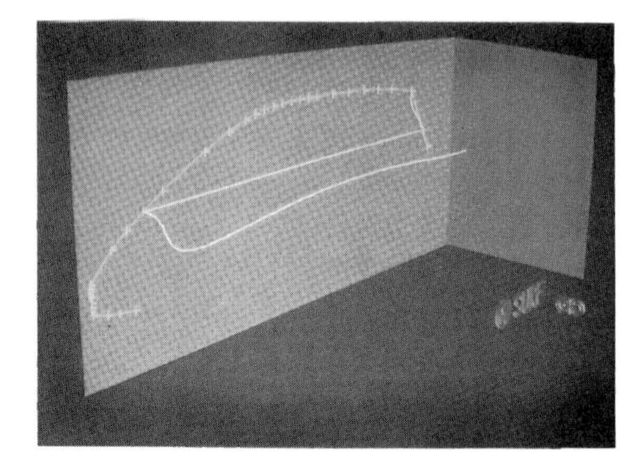

Bild 10.
Kurvenausformen

Warum ist ein solcher Komfort in einem Universalsystem schwer zu realisieren? Ein universelles CAD-System bemüht sich - wie bereits erwähnt - , alle auftretenden Produktformen bearbeiten zu können. Eine Spezialisierung seiner Datenstruktur auf ein bestimmtes Formenspektrum ist nur eingeschränkt möglich. Einer Verarbeitung von Nachbarschafts-(Topologie-) Daten wird nur dadurch Rechnung getragen, daß mehr und mehr das Repräsentationsmodell der B-Spline-Kurven und Tensorprodukt-B-Spline-Flächen in die Systeme Einzug hält. Hier ist innerhalb einer Spline-Fläche die Topologie zwischen den ihr zugrundeliegenden Einzelpatches bekannt. Darüber hinaus ist ein globales Bearbeiten des Modells über mehrere B-Spline-Flächen hinweg wie auch die zuvor angedeutete Integration von Kurven- und Flächenbearbeitungen nicht möglich.
Eine optimale Anpassung der B-Spline-Fläche an die gegebene geometrische Situation ist oft schwer zu erreichen, da die notwendige Verfeinerung in einem Bereich sich auf die Gesamtfläche in Bereiche fortsetzt, wo solche Verfeinerungen geometrisch nicht sinnvoll sind.

Unter Verfeinerung versteht man eine feinere Unterteilung des zugrundegelegten Knotenvektors. Dadurch wird die Anpassung der Fläche an lokale Gegebenheiten verbessert. Aufgrund der Tensorproduktstruktur gilt die feinere Unterteilung für die Gesamtfläche [2]. Bei Anwendungen, bei denen eine Approximation im Vordergrund steht, ist dies unerheblich. Bei stylistischen oder strakenden Bearbeitungen jedoch kann damit der Modellieraufwand deutlich zunehmen. Lokale Verformungen in Einzelsegmenten/-flächen sind bei tangentenstetigen Übergängen nicht mehr durchführbar. T-Stöße sind innerhalb einer B-Spline-Fläche nicht möglich.

Da die Strakfunktionalität der Historische Kern des Systems ICEM VWSURF ist, wurde von vornherein ein Repräsentationsmodell implementiert, das geometrisch optimierte Strukturen ermöglicht. Es ist das Modell der stückweisen Beziersegmente/-flächen, das mit Hilfe einer Topologiestruktur und der globalen Bearbeitungsverfahren den Benutzerkomfort und die Effizienz des adaptiven CAD-Basissystems für die Freiformflächenbearbeitung entstehen ließ.
Basierend auf den Freiformflächen und den Topologiestrukturen wird in logischer Konsequenz als nächster Iterationsschritt eine Flächenrepräsentation implementiert, die direkt den konstruktiv zu bearbeitenden Einheiten entspricht. Damit wird eine neue Stufe nutzbarer Geometrieelemente aufgebaut - die "High-Level"-Geometrien (Designfläche).

Globale Konstruktionsfunktionen

Die im vorhergehenden Abschnitt vorgestellte Kurvenstrakfunktion weist in die hier aufzuzeigende Richtung globaler Konstruktionsverfahren. Unabhängig von dem jeweils gewählten mathematischen Repräsentationsmodell muß der CAD-Anwender einen beliebig großen Ausgangsdatenbereich für einen Funktionsablauf anwählen können (Bild 10.). Diese Globalität erspart die monotone Ausführung einer Funktion für je ein Einzelelement, wie dies bei der Strakfunktion etwa das sequentielle Bearbeiten jedes einzelnen Kurvensegmentes wäre.
So kann zum Beispiel im ICEM VWSURF die Projektion einer beliebig zusammengesetzten Kurve in beliebiger Projektionsrichtung auf eine Vielzahl von Einzelflächen in einem Arbeitsschritt vollzogen werden. Das Resultat ist eine segmentierte Punktfolge, die exakt auf den Rändern der Ausgangsflächen liegende Segmentgrenzen und automatisch bestimmte Übergangsbedingungen an diesen Grenzen aufweist. Eine vom System durchführbare Kurvenglättung wird nur bei rein technischen Konstruktionen (siehe Radhaus in [1]) automatisch vorgenommen.

Soll hingegen ästhetischen Gesichtspunkten Rechnung getragen werden, dann beginnt hier die eigentliche Modellierungstätigkeit. Unter der Kontrolle des Anwenders können alle zur Verfügung stehenden Glättparameter variiert und zugleich kann die Approximationsgüte durch entsprechende graphische/numerische Ausgaben überwacht werden. Durch all diese globalen Manipulationsmöglichkeiten entsteht nicht nur eine mit einem mathematischen Verfahren bestimmte Projektionskurve, sondern auch eine unter stylistischen Gesichtspunkten ausgeformte Kurve. Dies wird in einer einzigen High-Level-Funktion realisiert, wobei die Anzahl der Interaktionen minimiert ist. Selbst die Voreinstellungen der setzbaren Glättparameter spiegeln die Erfahrungen der jahrelangen Anwendung wider und können im Normalfall übernommen werden.

Welche Bedeutung den topologischen Daten im ICEM VWSURF bei den globalen Konstruktionsfunktionen zukommt, sei am Beispiel der Flächenrundung verdeutlicht (Bild 11.).

Bild 11.
Ausrundungen

Hier genügt die Selektion eines einzigen Abschnitts einer zu verrundenden Kante, um aus den vorhandenen Nachbarschaftsbeziehungen die gesamte Leitkurve und die je auf einer Seite der Knickkante liegende Menge an Ausgangsflächen zu identifizieren. Beim Ausführen der Verrundungsfunktion selbst können dann nicht nur die Verrundungsflächen, sondern automatisch auch die an den Radienansatzlinien getrimmten Ausgangsflächen erstellt werden.
Da in ICEM VWSURF auch eine Kugelverrundung implementiert ist, ist die Konstruktion einer Leitkurve, deren Tangente exakt die Schnittebenen für die Verrundungen definiert, generell nicht nötig.

Anderenfalls würde eine geänderte Lage der Leitkurve auch eine veränderte Verrundungsfläche nach sich ziehen. Die abschließenden Ränder der Verrundungsflächen münden tangentenstetig in die auf die Knickkante zulaufenden Ränder der Ausgangsflächen ein.

Außer der Kreisrundung kann auch eine krümmungsstetig in die Ausgangsflächen übergehende Verrundung generiert werden. Um ästhetische Anforderungen zu erfüllen, ist ein Ausformen der Radienansatzkurven als Bestandteil der Verrundungsflächenfunktion möglich.

Die Anwendung einer globalen High-Level-Funktion von ICEM VWSURF wird allein durch die Geometrie der Produktform, nicht aber durch die Grenzen der mathematischen Repräsentationsmodelle beschränkt. Ein Universal-CAD-System kann diese Entwicklungsstufe nicht erreichen, da es globale Topologie-Strukturen nicht unterstützt.

Unterstützung iterativer Konstruktionsverfahren

Jeder stylistische oder strakende Vorgang gleicht einem iterativen Prozeß. Durch Verformungen der zugrundeliegenden Geometrie wird schrittweise ein optimaler Zustand angestrebt. Dabei muß bei jedem Schritt eine Qualtitätsprüfung stattfinden, die auch dazu führen kann, daß ein Teil der Iterationsfolge verworfen wird.

Die Entwickler von ICEM VWSURF standen in der Pflicht, diesen Arbeitsprozeß auch im CAD-Medium zu realisieren. So besteht nach der Verformung einer ausgewählten Fläche in der Strak-Funktion von ICEM VWSURF die Möglichkeit, beliebige Visualisierungen des Ergebnisses vorzunehmen. Dabei muß die Strak-Funktion beziehungsweise der Iterationsprozeß nicht verlassen werden. Als Visualisierungen können nicht nur die üblichen Ansichtsänderungen, sondern zum Beispiel auch Schnitte oder farbig schattierte Darstellungen eingeschaltet werden, bei denen die vollzogene Gestaltsänderung sofort "skulpturell" sichtbar wird, Bild 12.

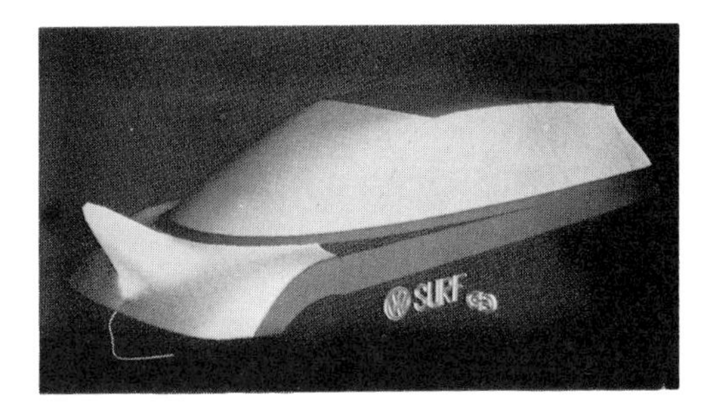

Bild 12.
Flächenmodellieren

Die Schnitte müssen nicht konstruiert werden, sie werden automatisch errechnet und dienen als eine der möglichen Darstellungen der Fläche. Schnitte und "skulpturelle" Darstellungen sind nicht nur Visualisierungshilfen, sondern auch schon als Diagnosemittel neben Sichtkanten, Reflexionskurven und vielen anderen Werkzeugen nutzbar (siehe Designablauf Bild 3.).

Beim Flächenstraken ist das Einhalten bestimmter geometrischer Vorgaben Pflicht, so daß im ICEM VWSURF bei jeder Verformung eine automatische Überprüfung und Anzeige der Abweichung von den Soll-Daten vorgenommen werden kann. Auch das Ausmessen beliebiger geometrischer Größen, wie Distanz, Winkel, Flächeninhalt, Krümmung, gehört zu den Sonderfunktionen, die generell während jedes Iterationsschrittes angewählt werden können, ohne den Gestaltungsprozeß zu unterbrechen. Soll das Iterationsergebnis verworfen werden, kann zum Ausgangszustand der Fläche zurückgekehrt werden.

Somit findet der iterative Formfindungsprozeß die im CAD-Medium erwartetet Unterstützung. Diese Sonderfunktionen, die sich ohne Funktionswechsel im iterativen Konstruktionsverfahren nutzen lassen, erlauben die kreative Entfaltung der Benutzer. Universelle CAD-Systeme können diese Technik nicht im geforderten Umfang unterstützen.

Integrationskonzept

Da das höhere Leistungspotential eines adaptiven CAD-Systems nur bei der Bearbeitung des anvisierten Spektrums von Produktformen (in ICEM VWSURF sind dies Freiformgeometrien) aktiviert wird, ergibt sich die Notwendigkeit eines Datenaustausches für die anschließenden Phasen der Produktentwicklung. Das führt üblicherweise zu einem erhöhten Aufwand durch den notwendigen Austausch der Daten und die Verwaltung dieser Daten.

Um die Akzeptanz und die Effektivität des gesamten Produktentwicklungsprozesses nicht in Frage zu stellen, stand seitens der Volkswagen AG die Forderung der Integration von ICEM VWSURF in den gesamten Produktionsprozeß im Vordergrund. Deshalb wurde VWSURF in das ICEM Gesamtsystem von Control Data integriert, dessen übergeordnetes Verwaltungssystem ICEM EDL für den Austausch und die Verwaltung dieser Daten sorgt. Hierbei wird der Anspruch an den iterativen Designprozeß eines adaptiven Systems im Sinne einer hohen Effizienz weitergefaßt.

Das funktionale Zusammenspiel der ICEM-Module war das Resultat. Aus einem der beteiligten Module läßt sich durch die Anwahl eines Tablettfeldes oder eines Kommandos jederzeit direkt in dem gewünschten Nachbarmodul weiterarbeiten. Falls notwendig, kann in der gleichen Weise zurückgesprungen werden.

Ein Benutzer kann also direkt zwischen verschiedenen Modulen des ICEM-Systems für die Konstruktion, die Simulation oder die NC-Programmierung hin- und herspringen, ohne sich um die internen Datenstrukturen der einzelnen Module und ihre Unterscheidungsmerkmale kümmern zu müssen. Die Datenstrukturen der entsprechenden Module sind so aufeinander abgestimmt, daß der Austausch relevanter Geometrien ohne Datenverlust stattfindet. Damit wird der Benutzer von ICEM VWSURF in einer höchst komfortablen Weise die Integration in den gesamten Produktionsprozeß ermöglicht, ohne daß er auf die lokale High-Level-Funktionalität beim Bearbeiten unterschiedlicher Produktspektren verzichten muß. Hierdurch werden eine Zeitverkürzung und eine Qualitätssteigerung erreicht.

Durch den nahtlosen Übergang in das für die aktuelle Konstruktionsphase optimale CAD-Modul - wie ICEM DDN für die Detailkonstruktion oder ICEM DUCT für die NC-Programmierung des Modells oder des für die Fertigung notwendigen Werkzeugs - kann der Ingenieur über den gesamten Produktentwicklungsprozeß eine erhebliche Effektivitätssteigerung erzielen.
Wichtig bei der Diskussion über Schnittstellen ist die Frage, ob zwischen Design und Konstruktion eine Systemschnittstelle eingerichtet werden soll. Zum einen werden schon im Design die Struktur und die Topologie des Modells festgelegt, zum anderen muß diese Struktur in der Konstruktion effektiv weiterbearbeitbar sein. Darüber hinaus gibt es Iterationszyklen, in denen Stylingänderungen ausgeführt werden müssen, was bei einem Datenaustausch oder einem Systemwechsel sehr viel zeitlichen Aufwand verursachen würde. Aus diesem Grunde müssen alle Funktionskomplexe, die in iterativen Ablaufzyklen durchlaufen werden und die auf die gleichen oder auf verschiedene Repräsentationen des Modells zugreifen, integriert sein. Diese Forderung erfüllt ICEM VWSURF für Konstruktionen und Produkte, die mit Freiformflächen versehen sind.

Wie sieht ein CAD-System der Zukunft aus?

Das Erstellen und Bearbeiten von Produktformen, die ausschließlich durch Freiformflächen repräsentierbar sind, ist sehr aufwendig im Vergleich zu analytisch beschreibbaren Formen, wie sie beispielsweise im Maschinenbau verbreitet sind.

Um so mehr wird von einem CAD-System eine effiziente Bearbeitung dieser Freiformflächen gefordert.

Historisch gesehen sind die universellen CAD-Systeme aber aus der für den Maschinenbau erforderlichen Funktionalität entstanden. Erst mit der Weiterentwicklung in Richtung einer Bearbeitung von Freiformkurven und -flächen wurden diese Systeme auch für stylistisch auszuformende Produkte einsetzbar. Es entstanden Basisfunktionen für Freiformgeometrien, die den existierenden Funktionen in ihrem Leistungsumfang ebenbürtig, für den wirtschaftlichen Einsatz aber unzureichend waren. Der Hauptgrund für diese Schwäche ist der Versuch, in einem System mit einer einzigen Benutzerschnittstelle, einer einzigen Funktionsstruktur und einer vorgegebenen Datenstruktur die Integration der Freiformgeometrien zu betreiben.

Mit der Beschreibung spezieller Features von ICEM VWSURF wurde versucht, die Entwicklungsmöglichkeiten eines schwerpunktartig auf Freiformflächen-Produkte ausgerichteten CAD-Systems deutlich zu machen. Dabei wurde die High-Level-Qualität des System verglichen mit den Möglichkeiten eines Universalsystems. Da sich die Leistungen dieser Systemgruppen signifikant unterscheiden, dürfte der zukünftige Einsatz universeller CAD-Basissysteme im Freiformflächenbereich stark davon abhängen, inwieweit sie sich in dieser Funktionalität von den Standard-Funktionen eines CAD-Systems abkoppeln. Erst eine größere Unabhängigkeit der Bearbeitungsfunktionen dieses Produktspektrums ermöglicht eine vergleichbare Effizienzsteigerung. Das Ergebnis wären unterschiedliche Module eines Gesamtsystems, wie es in der ICEM-Familie von Control Data verwirklicht ist.

Für den Designer muß in der Zukunft das CAD-System integraler Bestandteil seines kreativen Schaffens sein. Er darf in seiner Kreativität nicht durch Unterbrechungen, durch Systemwechsel oder durch lange Antwortzeiten eingeschränkt werden. Das setzt die Integration aller für die Produktentwicklung notwendigen Module voraus und erfordert leistungsstarke Graphikarbeitsplätze, die ein interaktives Arbeiten unter Ausnutzung dynamischer Graphikmanipulationen ermöglichen. Dafür stehen graphische Rechner, wie die Cyber 910-500 von Control Data, zur Verfügung, die extrem kurze Antwortzeiten aufweisen und mit denen realitätsnahe Darstellungen und Gestaltungen dynamisch variiert werden können.

Die derzeit angebotene Funktionalität wird sich analog zum Einsatz in der Konstruktion iterativ entwickeln, so daß in Zukunft eine viel größere Anzahl von Design-Varianten entworfen und beurteilt werden können - womit das Hauptziel der Automobilbauer von VW (und nun auch von Audi) durch die enge Zusammenarbeit mit den Systementwicklern von Control Data erreicht wird. Die Arbeiten in dieser Richtung werden weitergeführt.

Schrifttum

[1] *Sorgatz, U.; Hochfeld, H.-J.*: Das CAD-System VWSURF im CAE-Konzept. VDI-Z 129 (1987), Nr. 11, S. 28-35.

[2] *de Boor, C.*: Practical Guide to Splines. New York: Springer, 1978.

Dieser Aufsatz wurde mit freundlicher Genehmigung des VDI-Verlags; Düsseldorf einem Sonderdruck aus VDI-Z (10/88) entnommen.

G. A. Gallion; Adam Opel AG

Autodesign - keine Erfindung von heute, aber wichtiger denn je

Wie eine Auto handwerklich gestaltet wird kann in der Ausstellung des Automobilsalon Berlin betrachtet werden. Aber wie ein Konzept entsteht und wie es sich dann äussert, hängt von vielen Faktoren ab, die nicht so offensichtlich sind.

(Bild 1.) Raymond Loewy, der amerikanisch französische Allround-Designer formulierte in diesem Zusammenhang sehr treffend:
"Der Design-Entwurf darf weder zurückbleiben, noch seiner Zeit zu weit vorauseilen".

Bild 1.

Und das trifft auf das Automobil im besonderen Maße zu. Das Auto ist ein wichtiger Maßstab für den technischen Fortschritt und die Wettbewerbsfähigkeit der Industrie eines Staates.

Das vergangene Jahr war das erfolgreichste für die Autoindustrie seit langem. Es wurden in der Bundesrepublik Deutschland allein 4,374 Millionen Autos produziert und 2,9 Millionen zugelassen.

Die Automobilindustrie wird mit ihrer Innovationskraft und ihrer Vorreiterrolle in der Konjunktur als Motor der Wirtschaft angesehen. Das Auto ist zu einem der wichtigsten industriellen Produkte geworden. Und das Auto ist das komplexeste Design-Produkt - es hat als eines der wenigen Objekte nicht nur ein gestaltetes Äusseres, sondern auch einen gestalteten Innenraum. Design ist das, was an einem Produkt zuerst wahrgenommen wird. Viele Einzelbereiche am Auto sind so komplex (zum Beispiel das Armaturenbrett) wie in anderen Branchen das ganze gestaltete Produkt (z. B. Hi-Fi-Anlagen).

Bevor ich nun auf die Arbeit des Designers eingehe, will ich Ihnen einen kurzen Überblick geben - über die räumlichen und personellen Umstände - unter denen das Design bei Opel betrieben wird. Design kann man zwar auch für sich allein im stillen Kämmerlein machen, aber bei Opel sind die Dimensionen etwas grösser und sachlicher. Opel-Design, als Teil des technischen Entwicklungszentrums von General Motors Europa, ist neben den Opel Modellen auch für Vauxhall in England und weltweit für andere GM-Tochtergesellschaften verantwortlich.

Für jede Modellreihe gibt es Studios von Designern, Technikern und Modelleuren, die sich mit der Planung des nächsten Modells befassen. Jedes Team ist für das ganze Design verantwortlich; innen und außen. Darüber hinaus existieren Experten-Teams für Interior, Farbe und Ausstattungsmaterialien, Graphik und Schriften (Bild 2.), sowie eine NC-Gruppe, die mit CAD/CAM arbeitet; wir benutzen eines der modernsten Systeme, insbesondere für Formentwicklung.

Bild 2.

Teilweise wurde es speziell für unseren Bedarf bei uns konzipiert. (Auf die Bedeutung von Computer-unterstütztem Design für unsere Abteilung wird am Ende dieses Referates noch kurz eingegangen werden). Dazu kommen noch Werkstätten für alle Modellbau- Bereiche. Insgesamt sind ca. 200 Personen beschäftigt; davon lediglich 29 Designer. Der eigentliche praktische Design-Ablauf - von der ersten Skizze bis hin zum Präsentationsmodell - läßt sich kurz folgendermaßen darstellen:

Nach einer Reihe von Vorbesprechungen mit unseren Technik-Partnern von Konstruktion und Fertigung und den Marketing Experten folgt die kreative Skizzierphase. Dann wird eine Ideenauswahl im Designteam als Basis für weitere Entscheidungen diskutiert (Bild 3.)

Bild 3.

Nachdem einige Entwürfe ausgewählt wurden, werden sie vergrößert und davon 1:1 Illustrationen gefertigt. Parallel läuft die Interiorgestaltung.

Nach der Herstellung eines 1:5 Modelles werden exakte Aerodynamik-Messungen möglich - diese Modelle sind sehr genau modelliert, sogar auf der Unterseite! Dann wird ein Plastilin-Modell gefertigt, welches schon alle Details zeigt. Um einen Eindruck von lackierter Oberfläche zu erhalten, werden über dieses Plastilin-Modell glänzende Spezialfolien gezogen.

Fällt die Entscheidung für den Entwurf zur Zufriedenheit aller aus, wird ein 1:1 Fiberglas-Modell in Angriff genommen. Es muß bis ins letzte exakt sein, denn es soll dem späteren Auto genau entsprechen. Währenddessen wird für das spezielle Innenraum-Modell gearbeitet. Und spätestens jetzt geht es auch an die Auswahl von Farben und Stoffen für aussen und innen.

Obwohl Felgen und Radkappen technische Teile sind, wird auf ihre Gestaltung großen Wert gelegt. Sie werden bei Opel dazu benutzt, eine Hierarchie innerhalb einer Modellreihe zu zeigen. Aber nicht weniger wichtig ist die richtige Typographie des Modellnamens.

(Bild 4.) Am fertigen Design-Modell werden dann mit elektronischer Hilfe die Konstruktionsunterlagen erstellt. Dazu werden Koordinaten in den Computer eingespeichert, die natürlich vorher abgenommen werden müssen. Bevor dann das Exterior sein endgültiges Finish erhält, sind noch Diskussionen über Details und Korrekturen nötig. Das gleiche gilt auch für innen.

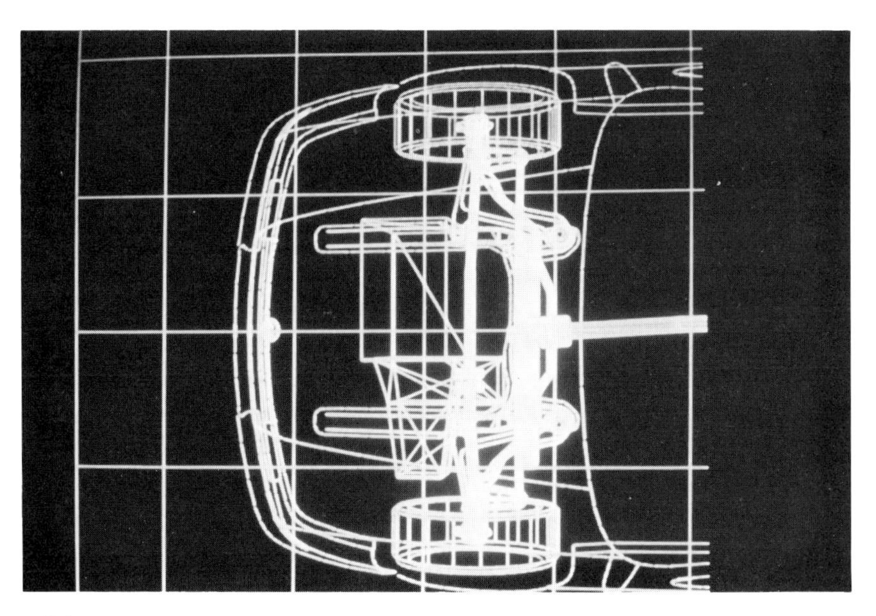

Bild 4.

Bei all dieser Arbeit "helfen" zwar viele Gruppen aus verschiedenen Bereichen den Designern als Partner das Auto zu entwerfen; diese Partner - wie zum Beispiel die Marketing-, die Finanz- und Technik- Abteilung, "machen" aber nicht das Design (Bild 5.). Die Designer nutzen deren Informationen, um so nun innerhalb gesteckter Grenzen voll schöpferisch, mit Begeisterung, phantasievoll, innovativ, und optimierend zu gestalten. Das Ziel ist immer das Gute Produkt!

Bild 5.

Dies bedeutet, daß jede Modellgeneration deutlich besser als ihre Vorgänger wird, was sich natürlich oft auch tatsächlich am ganzen neuen Vorgabenkonzept, dem Package, ablesen läßt.

Nehmen wir beispielsweise die Aerodynamik:
Bei vielen neuen Auto-Entwürfen ist ein sehr guter Cw-Wert eine Vorgabe, die unbedingt erfüllt werden muß. Gute Aerodynamik wird mit Hilfe des Designs nicht nur gezeigt, sondern die optisch windschlüpfige Form ist hinterher auch als die aerodynamisch gute meßbar. Das technische Prinzip des Automobils ist in der Regel bei allen Wagen bestimmter Kategorien ähnlich; es wird aber auf vielen Gebieten der Naturwissenschaften eifrig geforscht, um das Auto besser und das Fahren angenehmer zu machen. Ständig gibt es Fortschritte. Denken Sie nur an Automatik, Servolenkung und ABS.

Design bedeutet nun in der Regel vor allem anderen eine Neu-Interpretation der Sache Automobil. Selbst ein fahrfertiges Chassis wird vom normalen Betrachter nicht als Auto bezeichnet. Er verbindet mit dem Begriff etwas anderes als lediglich die physikalische Fähigkeit fahren zu können.

Also muß das Auto interpretiert werden - und zwar vom Designer. Diese Interpretation äußert sich in einer Plastik, die den zeitgeist wiederspiegelt. Wie "ehrlich" schon von jeher diese Interpretationen waren, zeigt sich daran, daß häufig Fotos und Filme zeitlich an den darin gezeigten Autos eingeordnet werden können. Um jedoch seiner Verpflichtung den Auto-Entwurf immer im zeitlichen Kontext zu realisieren, nachzukommen, muß der Designer ein Gesamtinteresse an allem haben, was um ihn vorgeht.

Hier einige Beispiele für Auto-Design, die direkt die politische, gesellschaftliche, wirtschaftliche und technische Situation in ihrer Zeit wiederspiegeln:

Ein Opel von 1906 mit Jugendstilelementen - die damals gängige Kunstrichtung (Bild 6.).

Bild 6.

Hier ein Audi von 1912 im Bootsstil; es war die Zeit der Aufrüstungsphase des Kaiserreichs zur Vormachtstellung auf den Meeren.

Der ADLER von Bauhausprofessor Gropius von 1930; der Funktionalismus als Antwort auf die überladene Ornanmentik, die noch aus der Jugendstilzeit und dem Art Deco stammt.

1932 kam der 2 CV "Le Pirat" zur Welt; es war Krisen- und Kriegszeit. der Wagen war ein "Arme-Leute-Auto" und es gab viele arme Leute.

Ein Cadillac von 1953 als Repräsentant des sogenannten Traumwagenstils. Er symbolisiert die technische Vormachtstellung der USA; das Raketenzeitalter und den Überfluss (Bild 7.).

Bild 7.

1960 gab es "vernünftige" Autos; zum Beispiel den Ford 17 M. Es beginnt die Zeit der "Guten Form", der Funktionalität und der Vernunft.

Der NSU RO 80 von 1967 ist ein Auto in Keilform als Weiterentwicklung der Vernunft. Man sah, daß Gestaltung die Ökonomie optimieren kann. Ein erneuter Fortschrittsglaube begann.

In den 70er Jahren kamen eine ganze Reihe von praktischen Konbi-Limusinen auf den Markt. Sie waren vernünftig und sparsam. Es hatte den ersten Ölschock gegeben; verstopfte Städte, und das Einkaufsverhalten begann sich zu ändern. Man fuhr in den Supermarkt auf die Wiese.

Der FIAT Panda von 1980 war schon so etwas wie die verkörperte Kritik am Auto - er vereinigte die Vorteile eines Kompaktwagens mit Understatement und fehlendem Prestige. Und baut natürlich so das Entscheidende, sein Image auf.

Es liegt nun in der Natur von Interpretationen, daß sie für ein und dieselbe Sache verschieden sein können. Und der Designer muß für die Produktkategorie auch verschiedene Interpretationsmöglichkeiten parat haben. Sie werden notwendig, wenn die Autos beispielsweise gleich viel kosten - oder wenn sie technisch auf dem gleichen Stand sind. Dabei ist Marketing-Arbeit sehr wichtig.

Marketing-Untersuchungen benutzen heute in einem recht frühen Stadium sogenannte Produkt-Kliniken als Tests für das Publikum. Das neue Modell wird dabei unter Nichtnennung seines Namens und der Herstellerfirma mit seinen momentanen Konkurrenten, die meist auch anonym gemacht werden, gezeigt.

Kliniken sind bei uns aber nichts Neues; eine Art von Ur-Clinics waren Harley Earl's Motoramas seit Anfang der 50er Jahre von General Motors in den USA. Er plazierte die neuen Wagen zusammen mit anderen in oft theaterhafter Umgebung und ließ sowohl zufällig vorbeikommende als auch speziell ausgesuchte Personen ihre Meinung dazu sagen.

Heute ist es häufig ein speziell ausgewählter Personenkreis, der Fragen zum neuen Auto beantworten muß, die dann von Marketing ausgewertet werden.

Vor fast 10 Jahren fing Opel an, mit einem neuen Design-Konzept, sein Image zu ändern; beim damals neuen Kadett war das definierte Hauptziel die Aerodynamik-Optimierung; und zwar auch hauptsächlich deshalb, um etwas zu haben, womit es sich ganz klar von Konkurrenz-Produkten abhebt. Man strebte einen Weltrekord an, und hat ihn auch erreicht. Der Cw-Wert war Bestmarke.

Man glaubt dem Wagen die gute Windschlüpfigkeit, und damit sah und sieht er sehr modern und zeitgemäss aus. Mit diesem Design stellte er eine Alternative dar, denn bis dahin war bei Opel eher das Konservative üblich. Opel hat damit Neuland betreten. Gleichzeitig war das neue Konzept aber auchg eine Basis für viele Variationen; und eine optimale Synthese war geschaffen.

Durch genaue Marktanalysen und Kaufverhaltensbeobachtungen können Nischen ausgemacht werden, und beim Kadett waren dies Erkenntnisse,

- daß sportliche Modelle gefragt sind,
- daß auch konservativ Denkende gern einen Kadett hätten - aber einen konventionelleren - den Stufenheck,

- daß große Familien nicht unbedingt ein großes und teures Auto wollen - hierfür ist der Caravan gedacht;
- daß auch ein Markt für Lieferwagen existiert - den Combo, und nicht zuletzt, daß solche Autos auch von Leuten zum Spass und zur Freude am Fahren benutzt werden - das Cabrio.

Ferner gibt es laufend sogenannte "Kampagne-Modelle". Aufgrund von Marketing-Untersuchungen kristallisiert sich in gewissen Zeitabständen ein Bedarf an speziell ausgestatteten Fahrzeugen heraus. Ihre Sonderstellung muß auch visuell präsentiert werden.

Aufgrund des stimmigen Konzeptes der Kadett-Modellreihe, der zunehmenden Bedeutung der Aerodynamik als Mittel zum sparsameren Kraftstoffverbrauch, und natürlich auch wegen der gestalterischen Möglichkeiten, wagte man es auch, mit dem Opel Rekord Nachfolger "Omega" die offensichtliche Aerodynamik in die obere Mittelklasse zu transportieren. Auch hier hieß die Devise: "weg vom Konservativen, Biederen - hin zum Fortschrittlichen, Modernen, Vernünftigen".

Beim Omega war es natürlich nicht nur eine aerodynamische Aussenhaut über die alte Rekord-Technik gestülpt, sondern sie sollte auch für ein neues Package stehen. Dies zeigt sich auch ganz deutlich am verbesserten Innenraumkonzept mit vielen, für diese Klasse neuen, Interior-Besonderheiten.

Und nun, die dritte Design-Generation sozusagen macht aus unserem neuen Modell "Vectra" nicht nur ein aerodynamisch sehr gutes, sondern vor allen Dingen ein aerodynamisch **sehr schönes Auto**! Es hieß ja bisher immer, daß das Diktat des Windkanals die Autos uniformer werden lasse und somit die einzelnen Automarken nicht mehr zu unterscheiden seien.

Aerodynamik ist wichtig und ein Design-Konzept, das auf einer optimierten Windschlüpfigkeit basiert, richtig. Gute Aerodynanmik ist allerdings auch mehr als nur ein guter Cw-Wert. Sie beinhaltet gleichzeitig eine Vielzahl technischer Komponenten, die unter anderem dazu beitragen, die Fahrstabilität zu erhöhen, Verschmutzungen an der Karosserie und Scheiben sowie die Windgeräusche und den Kraftstoff-Verbrauch zu minimieren. Aber wie dann die Designer mit diesem Konzept umgehen, kann ganz verschiedene Anmutungen zum Resultat haben.

Es zeigt sich also, daß die Autos auch heutzutage nicht gleich auszusehen brauchen, ja daß sogar im Gegenteil eine ausgeprägte Differenzierung notwendig ist.

Denn da die Gesellschaft aus vielen Gruppen und Individuen besteht, gibt es auch viele Zielgruppen für Automobile. Für verschiedene Zielgruppen muß der Designer verschiedene Sprachen sprechen können - oder besser - verschiedene Codes beherrschen.

Gerade mit Blick in die Zukunft, und Auto-Design, welches heute gemacht wird, bedeutet, daß es erst in einigen Jahren an die Öffentlichkeit kommt, muß der Designer genau wissen, welche Sozialisation seine Kunden auf allen Gebieten durchmachen. Die Fähigkeit des Designers, verschiedene Auto-Kategorien für verschiedene Zielgruppen entwerfen zu können, läßt umgekehrt die Behauptung zu, daß der Entwurf für ein Auto ohne jede Vorgabe nicht möglich ist.

Für welche Leute will er ein Auto gestalten? Ohne Vorgabe hat der Designer keinen Ansprechpartner, keine Zielgruppe, mit dem oder mit der er via seiner Sprache, also der Art der Darstellung seiner Ideen durch Skizzen kommunizieren kann. Jede Interpretation, daß heißt jedes Design ist aber nur dann gut, wenn sie vom Benutzer verstanden wird. Dieses Verstehen bedeutet, daß der Kunde mit der Gestalt des Autos etwas anfangen kann, das heißt, daß er weiß, was der Designer ihm sagen will.

Zum Beispiel:

- Ein E-Typ Jaguar sieht schnell aus,
- ein Nissan Prairie sieht praktisch aus,
- ein Austin Healy 3000 sieht brutal aus,
- ein Citroen SM sieht avantgardistisch aus.

Umgekehrt muß der Designer auch eine Sprache sprechen, die der Kunde versteht. Natürlich kann der Designer auch gerade draufloskizzieren; aber er wird sich eigentlich immer jemanden vorstellen, für den das entworfene Auto sein soll; und wenn er es nur selber ist.

Man kann somit behaupten, daß sich hochfliegende Gestaltunghemmungslosigkeit und systematische Design-Arbeit ausschließen. Man neigt gern dazu, die nordamerikanischen Wagen der 50er Jahre durch die Beliebigkeit der Design-Attribute, ihrem Styling - als negativem Ausdruck für Design - eine Hemmungslosigkeit der Form zu unterstellen.

Aber auch dabei muß man feststellen: Diese Wagen waren das Abbild des "amerikanischen Lebensgefühles - mit freundlichen Pastellfarben; auch riesig und verschwenderisch durch die Abmessungen und mit Raketenzeitalter-Attributen. Dann auch als Machtverkörperung beispielsweise die Stoßstange, gierig durch Kühlerschlunde, aber auch brutal: zum Beispiel durch Kimme und Korn auf der Motorhaube.

Die Designer damals wußten wirklich, was richtig war (Bild 8.). Denn bei General Motors wurde schon ab den zwanziger Jahren systematisches Design betrieben, und dort wurde bereits - genau wie heute noch - in Ton modelliert.

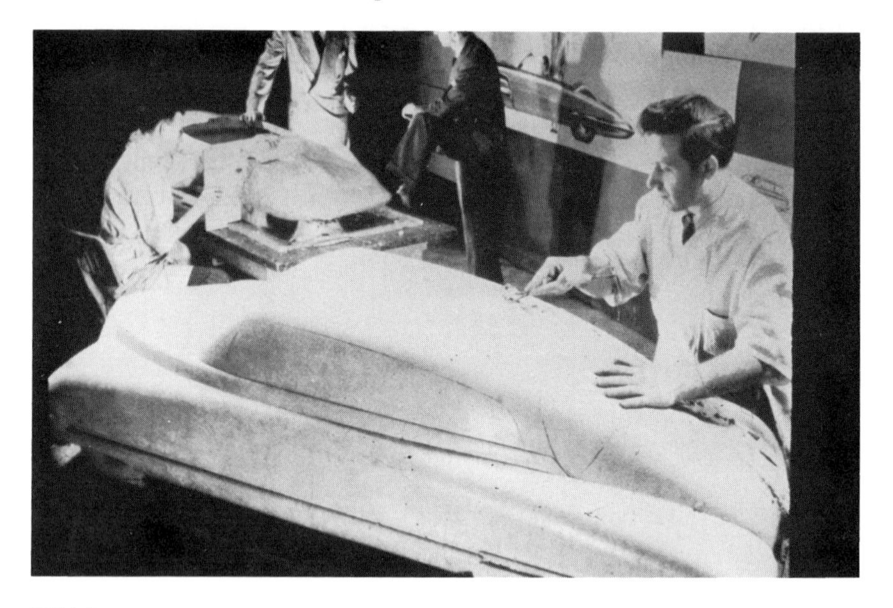

Bild 8.

Kein Wunder also, daß bis in die fünfziger Jahre amerikanisches Auto-Design einen hohen Stellenwert hatte, ja Vorbild für viele europäische Wagen war. Also ganz im Gegensatz zu heute.

Daß die U.S. -amerikanischen Auto-Verantwortlichen den Wandel - durch sehr viele Umstände - nicht mitbekommen haben, ist ein Grund mehr, es sich als Auto-Designer zur Pflicht zu machen, mit offenen Augen durch die Welt zu gehen und sich über Mode, Trends und überhaupt Life Style auf allen Gebieten zu informieren. Denn jeder Designer arbeitet immer für andere.

In den seltensten Fällen ist er oder seinesgleichen - also andere Designer - die Zielgruppe. Jeder Entwurf verlangt ein Sichhineindenken in den zukünftigen Benutzer. Schaut ein nur von einer Idee besessener Designer weder nach links noch nach rechts, sondern entwickelt nur eine Form, die sehr wenige verstehen und akzeptieren, so kann er kein industrielles Massenprodukt - wie es heute ein Auto darstellt - verkaufen (Bild 9.). Als Beispiel aus der Geschichte kann der Rumpler Tropfen-Wagen dienen. Mit seiner konsequenten Anwendung aerodynamischer Erkenntnisse wurde er nicht als richtiges Auto respektiert.

Bild 9.

Begriffe wie Tropfenform, Aerodynamik, Stromlinie (Bild 10.) brauchten über dreißig Jahre, um an einem Auto, daß ein größerer Erfolg war, als Merkmal auftauchen zu dürfen, der Citroen DS. Von der Seite und von Oben ist das Gestaltungsprinzip leicht zu erkennen: Tragflächen-Strömungslehre aus dem Flugzeugbau. Und das Wissen, daß der Citroen DS auch technisch "anders" war als andere Autos, macht die Form glaubwürdiger.

Bild 10.

Ein fortschrittliches Auto darf von seiner Form her immer nur so fortschrittlich sein, daß die Benutzer noch genügend Merkmale erkennen können, die schon bekannt sind und die sie auch erwarten. Manchmal ist der Massenkonsument leider so träge in seiner Urteilsfähigkeit, daß er mit allzuviel Neuem, Anderem nichts anfangen kann; er ist verunsichert und wählt lieber ein "konventionelleres" Produkt. Ihm reicht es oft schon, wenn das neue Auto nur ein bißchen "mehr" Auto ist, das heißt, zum Beispiel länger oder dicker. Der Rest soll möglichst das gleiche wie gehabt sein.

Der Auto-Designer will sich spontan natürlich nicht von solch einfachen Denkweisen beeinflußen lassen. Er will ja das bessere, tollere, aufregendere Auto gestalten. Er will Leute aufrütteln, überrraschen - mit anderen Worten "die Welt verbessern". Aber dieser Konflikt macht das tägliche Leben des Auto-Designers aus. Für elitäre Kunden kann man elitäres Design machen - aber ein Auto der unteren Mittelklasse soll sich ja millionenfach verkaufen.

Sind somit die Auto-Designer, die diese profane Design-Denkweise vertreten, die cleveren Designer? Der Designer muß sich immer überlegen, wer die Leute sind, die solche Autos wollen und von was diejenigen heute geprägt sind, die dann in zehn Jahren ein solches Auto kaufen werden. Jugendliche, die von heute gängigen Autos umgeben sind, wollen in zehn Jahren nicht dieselben Autos, denn es sind ja Autos für ihre Eltern.

Aber heute an einem zukünftigen Auto gestalten bedeutet, daß es in vielleicht fünf Jahren auf den Markt kommt - acht Jahre gebaut wird und danach noch zehn Jahre im Straßenbild zu sehen sein wird. Das heißt: ein Design muß zwei Jahrzehnte überleben; oder anders: der Designer wird zwanzig Jahre von seinem Entwurf verfolgt. Zwar ändern sich in diesen Jahren die Benutzergruppen, doch die Form bleibt, spricht jedoch jemand anderen an. Wenn es neu ist - zum Beispiel: biedere Familienväter. Wenn das gleiche Auto alt ist: Studenten. Das heißt aber auch, daß sich die gleiche Gestalt im Laufe der Zeit anders äußert.

Wenn das Auto neu auf dem Markt ist, soll es in seiner Form natürlich auch dieses Neue ausdrücken. Nach zehn Jahren drückt die gleiche Form das Alte aus. Durch kontinuierliche Modellpflege kann "der optische Alterungsprozess" zwar aufgehalten oder können tatsächlich notwendige Änderungen appliziert werden, aber die Grundaussage bleibt.

Mit Hilfe von Marketing sind wir ständig auf der Suche nach Nischen; denn neue Kontinente kann man nicht mehr erobern, es gibt höchstens noch einige wenige weiße Flecken auf der automobilistischen Landkarte (Bild 11.). Wir verwirklichen auch Entwürfe bis zur realistischen Fahrzeuggröße - entweder als Show-Cars oder als Konzeptionsmodelle. Selbst wenn diese Fahrzeuge genau so nicht auf dem Markt erschienen oder erscheinen, stecken sie voll von Ideen, die schon beim nächsten Produktionsmodell auftauchen können.

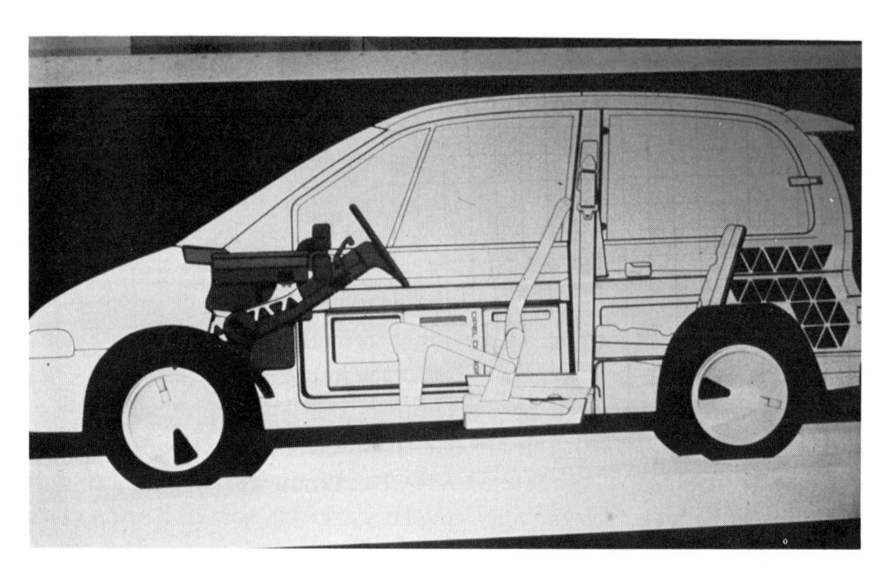

Bild 11.

Wir geben unseren Designern ständig Gelegenheit, ihre Ideen für ein zukünftiges Automobil zu Papier zu bringen. Manche Vorschläge sind schon in der näheren Zukunft denkbar; andere liegen in der weiteren; wieder andere sind sozusagen "brain-storming" zu einer Skizze verarbeitet (Bild 12.).

Bild 12.

Dieser Designer ist der Magier, der die einzelnen Fahrzeugkomponenten koordinieren muß. Oder wie kann man Module an einem Auto verwenden. Manchmal schlägt in den Skizzen auch durch, woran der Designer bei seiner Arbeit wirklich denkt. Aber es wird sich immer seriös mit der Problematik auseinandergesetzt.

Und um nun auf das Thema " Der Computer als neues wichtiges Design-Werkzeug" zu kommen, muß eindeutig gesagt werden, daß er den Designern einen großen Teil der Arbeit abnehmen kann (Bild 13.).

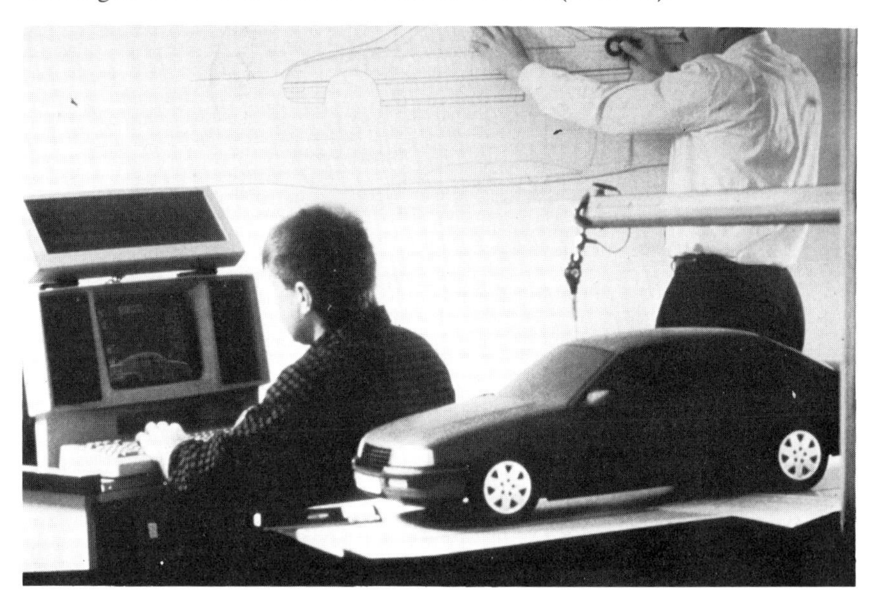

Bild 13.

Gerade unsere jungen Designer finden die Art wie Variantenbildung und Proportionsvergleiche (Bild 14.) schnell durchgespielt werden können, faszinierend, und der Andrang für Computer-Kurse ist groß. Designen im eigentlichen Sinn kann der Computer allerdings (noch) nicht.

Bild 14.

Wie will er entscheiden, welche Symbolik der neue Wagen haben darf oder welche Assoziationen provoziert werden sollen; also Dinge, die in der Psyche des Betrachters stattfinden?

Dies kann nur der Mensch entscheiden, und hier liegt die Betonung auf **entscheiden**. Eine Maschine urteilt immer nur nach naturwissenschaftlichen Gesetzen.

Design aber ist keine Naturwissenschaft!

In Bereichen jedoch, in denen noch vor wenigen Jahren alles in wochenlanger Kleinarbeit von Hand erledigt werden mußte, übernimmt heute das CAD/CAM-System viel (Bild 15.).

Bild 15.

Nehmen sie nur das mühevolle Übertragen von Koordinaten am Design-Modell zum Bau der Werkzeuge. Man kann verallgemeinernd sagen, daß mit Hilfe des Computers der Zeitaufwand zum Abtasten der Koordinaten für die Design Abteilung um 75% reduziert wird (Bild 16.).

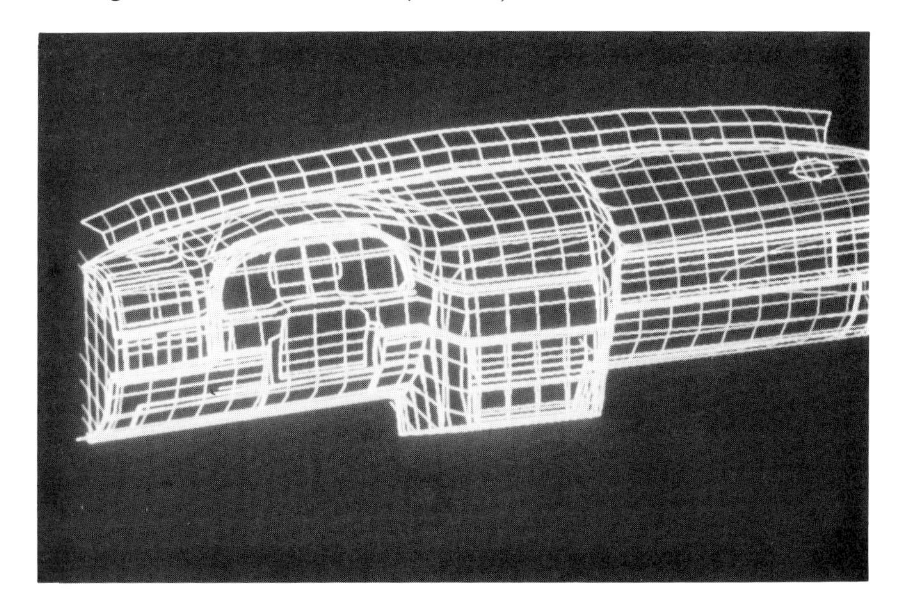

Bild 16.

Oder, als anderes Beispiel, die z.T. mühevolle Suche nach der korrekten Türschanierposition, nachdem von Designern Türfugenverlauf und von den Package-Leuten der Türöffnungswinkel festgelegt wurde, kann der Computer übernehmen. Auch ist es natürlich möglich, daß als Ergebnis herauskommt, daß die vom Designer gewünschte Fuge technisch nicht geht; er kann aber sofort neue Lösungsmöglichkeiten ausprobieren. Und zwar in kürzester Zeit! Beispiele ließen sich fortsetzen.

Wie geht es weiter?
Unsere Modelle sollen neben Qualität, dem Wert des "made in Germany", auch die anspruchsvolle Kontinuität unserer Design-Philosophie - der erkennbaren Familienzugehörigkeit - zeigen. Wir sind sicher, daß unser Weg der richtige ist; viele Design-Preise und -Auszeichnungen sind der Beweis dafür.

In der näheren Zukunft werden wir noch bessere Autos präsentieren. Die Gesamtform des Autos wird noch harmonischer, auch im Innenraum. Weiche Rundungen sind sowohl synonym für Dynamik als auch erfüllen sie leichter die Forderungen eines guten Cw-Wertes. Möglichkeiten neuer und besserer Konstruktionsverfahren, wie zum Beispiel ins Dach reichende Türen, werden in unsere Entwürfe integriert. Opel peilt eine führende Marktposition nicht nur in der Bundesrepublik Deutschland, sondern auch in Europa an. Wir hoffen, daß unser Design hilft, dieses Ziel zu erreichen.

ARBEITSWEISEN VON DESIGNERN HEUTE UND MORGEN - GRENZEN UND MÖGLICHKEITEN DER RECHNERUNTERSTÜTZUNG

G. Harbeck; Tektronix GmbH

Grafik Workstations für die Visualisierung in Design und Styling

Design heißt Entwerfen, Modellierung, Modellbau und Styling heißt Formgebung. Das sind also die Dinge, die mit realen Gegenständen und dem Erfassen von Formen zu tun haben. Grafik-Workstation bedeutet Computertechnik und Computerhilfe. Der Rechner ist heute aus keinem Bereich mehr wegzudenken, also auch nicht aus diesem. Der Rechner liefert normalerweise Daten, und die Daten sehen natürlich anders aus als das, was vorher irgendwo als Modell existierte und betrachtet werden konnte. Es muß hier eine Verbindung geschaffen werden.

Der Computer liefert viele Daten. Diese müssen nun sehr schnell errechnet und in eine Form gebracht werden, aus der das Wesentliche schnell zu erkennen ist. Ideal wäre eine Form, die der Designer oder Stylist gewohnt ist. Wenn man etwas weiter denkt, kann man in der Zukunft wohl mit Computerhilfe und mit der dazugehörigen Computergrafik in gewissem Rahmen den Modellbau ersetzen.

Der Modellbau ist ein recht kostenintensives Instrument, aber die einzige Möglichkeit, vor der Serienproduktion ein Produkt betrachten zu können. Dies muß in vielen Fällen aber getan werden, um eine Variante aus verschiedenen Alternativen auswählen zu können. Die Visualisierung ist in diesem Bereich also eine sehr wichtige Sache. Die Visualisierung muß aber sehr gut sein, um auch tatsächlich diese Möglichkeiten aus der Rechnerhilfe in Design und Styling herauszuholen.

Was heißt jetzt "muß gut sein"? Man muß einen effektiven Weg finden, den einzigartigen Computer, den jeder mit sich herumträgt mit der entsprechenden Information zu füttern. Gemeint ist das menschliche Gehirn. Die Schnitstelle zwischen dem technischen Computer und dem Gehirn ist leider noch nicht in einer solchen Form vorhanden, daß man von effektiver Datenübertragung sprechen kann.

Man hat festgestellt, daß ca. die Hälfte des Gehirns benötigt wird, um visuelle Eindrücke aufnehmen und verarbeiten zu können. Ein wichtiger Aspekt, um auf die Visualisierung besonderen Wert zu legen.

Es gibt eine Untersuchung, die besagt, daß 95% der technisch-wissenschaftlichen Informationen, die ein Supercomputer erzeugt, einfach irgendwo auf einem Stapel landen und nicht interpretiert werden, weil es zu viele Informationen sind und die Daten nicht in einer geeigneten Form vorliegen, um sie schnell erfassen zu können. Das ist natürlich nicht tragbar und somit ein weiterer Grund für die Wichtigkeit der Visualisierung.

Wichtige Punkte bei der Visualisierung bilden die Darstellungs- oder Displayqualität sowie die Geschwindigkeit, mit der diese Informationen ankommen. Die Art der Darstellung muß gerade im Bereich von Design und Styling sehr wirklichkeitsgetreu ausgeführt werden. Dazu gibt es zwei Möglichkeiten, die der fotorealistischen Darstellung und die der Stereodarstellung. Neben der Abbildung auf dem Bidschirm muß das Ergebnis aber auch noch auf einem anderen Medium ausgegeben werden können, um in dieser Form für Präsentationen dienen zu können.

Zur Beurteilung der Darstellungsqualität muß man die Auflösung des Bildschirms heranziehen und die Wiederholrate im Auge behalten, denn nur ausreichend hohe Werte bei beiden Kriterien garantieren flimmerfreie hochwertige Bilder. Obwohl diese Werte aus jeder Publikation hervorgehen und damit eine Art Meßplatte bilden, sind sie es nicht allein, auf die es ankommt.

Die Punktgröße des Strahls oder Informationseinheit ist ebenso wichtig. Was nützen Ihnen 1000 Punkte Auflösung auf dem Bildschirm, wenn der einzelne Bildpunkt, den ein Strahl erzeugen kann, über drei mögliche darstellbare Punkte streicht, so daß die Feininformation gar nicht wiedergegeben werden kann. Das Kontrastverhältnis beeinflußt ebenfalls die Qualität wie auch die Variation der Punktgröße bei Veränderung von Helligkeit und Kontrast.

Für die Darstellung muß eine ausreichende Anzahl von Farben zur Verfügung stehen. Heute erlauben einzelne Systeme die gleichzeitige Darstellung von 16.7 Millionen Farben. Man könnte meinen , 16.7 Millionen sind eigentlich zu viele und mehr als man jemals anwenden könnte. Wenn man von dieser großen Anzahl spricht, dann sind es nicht einzelne individuelle Farben, wie man sie vielleicht im Malkasten findet, sondern jede Helligkeitsstufe einer Farbe wird vom Rechner als neue Farbe gewertet.

Um einen stufenlosen Übergang von einem dunklen Rot zu einem hellen Rot zu gestalten, so braucht man möglicherweise 1000 oder noch mehr einzelne Stufen in der Programmierung. Bei einer solchen präzisen Farbdarstellung kommt als weiterer Aspekt die Konvergenz hinzu.

In einer Farbbildröhre wird die Farbe aus drei individuellen Strahlen gebildet, die in jedem einzelnen Punkt zusammen geführt werden müssen, um eine Farbe klar darstellen zu können. Wenn dieses nicht der Fall ist, sieht man Farbverfälschungen bzw. bei großen Konvergenzfehlern die individuellen Punkte rot, grün und blau, aus denen alle anderen gebildet werden.

Die Grafikgeschwindigkeit ist ein weiterer wichtiger Aspekt der Visualisierung. Das Ergebnis muß in kurzer Zeit in graphischer Form zur Verfügung stehen, damit man von einem brauchbaren Werkzeug sprechen kann. Anderenfalls wird mit den herkömmlichen Methoden weitergearbeitet. Eine hohe Geschwindigkeit erreicht man aber nicht mit einem "General Purpose"-Rechner, der für numerische Prozesse optimiert ist, sondern man braucht ein dediziertes Grafiksystem. Dieses Grafiksystem wird zusätzlich neben dem eigentlichen Rechner benutzt, um eine entsprechende Leistungsfähigkeit erzielen zu können.

Dieses dedizierte Grafiksystem kann natürlich nur dann funktionieren, wenn vorher Grafikfunktionen definiert wurden, die dort in entsprechender Elektronik und mit Microcodeunterstützung realisiert sind. Beispielhaft seien hier einige Funktionen beschrieben.

Die Steuerung von Bildfenstern (Windowsystem) oder das "Double Buffering", eine Funktion, um visuell Geschwindigkeit zu gewinnen, da quasi zwei Systeme in einem solchen vorhanden sind. Das eine wird zur Darstellung benutzt und das zweite im Hintergrund zur Errechnung des nächsten Bildes. Wenn dieses erstellt worden ist, wird umgeschaltet, so daß das erste System wieder frei ist, um das nächste Bild zu erzeugen. Damit können kontinuierliche Bewegungen dargestellt werden.

Bei der Auswahl der Farben gibt es unterschiedliche Systeme zur Spezifikation einer einzelnen Farbe. Die einen basieren auf der technischen Möglichkeit, d. h. es werden Anteile der drei Primärfarben rot, grün und blau spezifiziert oder es wird ein Referenzmodell benutzt, in dem dann Farbwert, Helligkeit und Sättigung in Prozent oder Grad eines Kreises festgelegt werden müssen. Beide Systeme haben den Nachteil, daß lineare Veränderungen der Werte keine linearen Farbänderungen zur Folge haben, da das Auge nicht linear reagiert. Es gibt aber bereits komplexe Modelle, die diesen Nachteil beseitigen.

Das Grafikeingabesystem bietet Möglichkeiten, dargestellte Objekte interaktiv beeinflußen und manipulieren zu können. Drehungen, Skalierungen und Positionierungen sind mittels Maus, Drehknöpfen oder Rollkugel direkt durchzuführen. Diese einzelnen physikalischen Geräte werden auf logische Einheiten abgebildet, so daß bei der Programmierung noch keine Vorauswahl durchgeführt werden muß. Die Entscheidung bleibt für den Anwender erhalten.

Manipulationen können nicht für komplette Objekte, sondern auch für Einzelteile durchgeführt werden. Dafür ist das Objekt in einzelne Segmente zerlegt, die einzeln oder in Gruppen angesprochen werden können. Bei einem Automodell könnte man die vier Räder, die ja gleich aussehen, durch die Definition eines Rades und der anschließenden Vervielfältigung an unterschiedlichen Positionen erzeugen. Die Daten dafür brauchen nur einmal erzeugt werden.

Eine andere Funktion ist das Herausrechnen der unsichtbaren Linien und Kanten. Jeder hat auf dem Bilkdschirm schon Modelle gesehen, bei denen die Oberfläche ausgefüllt ist. Für den Betrachter ist nur die Vorderseite erkennbar, während die Rückseite abgedeckt bleibt. Diese Berechnungen können für Modelle mit Oberflächenschattierungen, wie auch für Drahtmodelle durchgeführt werden. In beiden Fällen braucht man eine große Rechenleistung, die in dem Grafikprozessor vorhanden sein muß. Um bei der Drahtmodelldarstellung den räumlichen Eindruck noch zu verstärken, kann zusätzlich das "Intensity Depth Cueing" eingesetzt werden, eine Methode, die die Farbe des Modells verändert, je weiter der Punkt im Raum liegt. Die Teile des Modells, die im Vordergrund liegen, haben einen stärkeren Kontrast als die weiter entfernt liegenden.

Die Oberflächenschattierung wird in der Grafikhardware durchgeführt, und der eigentliche Rechner braucht dafür nicht aktiv zu werden. "Translucency" ist eine Funktion, die eine Oberfläche durchscheinend gestaltet, um hineinschauen zukönnen. Dazu kommt ein lokales Beleuchtungsmodell zur Anwendung, das bis zu 16 einzelne Lichtquellen bei der Beleuchtung des Objektes berücksichtigt und in Verbindung mit Oberflächeneigenschaften ein realistisches Aussehen ermöglicht.

Um noch näher an die Wirklichkeit heranzukommen, braucht man zusätzlich zu diesen Hardware-Funktionen eine Software, die das ganze sehr realistisch aussehen läßt, die eine realistische Umgebung schafft und auch realistische Bewegungsabläufe zur Verfügung stellt. Wavefront Technologies, ein Partner von Tektronix, bietet eine Software an, die auf den Tektronix-Workstations läuft und diesen Forderungen nachkommt.

Die Software besteht aus vier Modulen. Das Modul "Model" bietet Funktionen zum Generieren von Daten, die nachher sichtbar gemacht werden sollen. Das Konzept der Software ist allerdings so ausgelegt, daß in der Regel die Daten von anderen Paketen übernommen werden können. Von Paketen, die möglicherweise schon im Einsatz sind. Diese Daten werden dann verfeinert, verbessert und animiert, d. h. Bewegungsabläufe hineingebracht.

Das zweite Modul "Preview" bietet dann die Möglichkeit, die Bewegungsabläufe festzulegen, so daß nachher ein realistischer Eindruck entsteht. Mit dem Modul "Image" wir die Bilderzeugung realisiert. Zu den Modelldaten aus einem CAD- oder aus einem Design-Programm wird hier z. B. die Materialoberfläche gestaltet. Reflexionen, Spiegelungen usw. ergeben dann das reale Aussehen.

Die Strukturen der verschiedenen Materialien werden mit dem vierten Modul "Medit" festgelegt. Dieser Materialeditor ermöglicht das Erzeugen eines jeden gewünschten Materials, das dann bei der Oberflächenschattierung benutzt wird und in allen Krümmungen und bei allen Formen entsprechend richtig eingesetzt wird.

Diese Hilfsmittel gestatten die Erzeugung einer realen Umwelt. Ein Automodell beispielsweise dreht sich vor einem Gebäude, wobei sich die Bäume, Häuser usw. in den Scheiben und auf dem Lack wiederspiegeln. Durch das Verändern der Kameraposition kann man auch in das Auto eingesteigen und von innen nach außen blicken. Man kann die Form aus allen Blickwinkeln begutachten und so Änderungswünsche in diesem Stadium relativ leicht vornehmen. Man braucht hierzu nicht mehr den Modellbau, sondern kann visuell mit diesen Hilfsmitteln beurteilen, ob man auf der eingeschlagenen Linie, die man angestrebt hat, geblieben ist oder ob man davon abgewichen ist.

Um der Anforderung nachzukommen, Daten anderer Softwarepakete zu importieren und weiter zu nutzen, existieren Software-Schnittstellen und Hardware-Schnittstellen. Im Bereich der Software benutzt man Standardformate und spezielle Anpassungen an einige weitverbreitete Pakete. Im Bereich der Hardware benutzt man bei Workstations einen Netzanschluß (LAN), über den man mit den unterschiedlichen Rechnern Daten austauschen kann, um sie dann im eigenen System weiter bearbeiten zu können.

Stereodarstellung ist eine andere Möglichkeit, Modelle realistisch auf dem Bildschirm betrachten zu können. In diesem Falle hat man sogar einen räumlichen Eindruck. Technisch ist dieses Verfahren folgendermaßen realisiert. In der Hardware existiert die 3D-Transformation als Funktion. Damit lassen sich zwei Ansichten des Modells erzeugen, und zwar eine Abbildung für das linke und eine für das rechte Auge. Diese sind um sechs Grad gegeneinander versetzt, ein Winkel, der dem Augenabstand entspricht. Dieser Wert läßt sich aber auch verändern. Vor dem Bildschirm sind Polarisationsfilter aus Flüssigkeitskristallen montiert. Diese werden dazu benutzt, die linke Abbildung links zirkular und die rechte rechts zirkular zu polarisieren. Die Taktfrequenz hierfür beträgt 120 Hertz, so daß für jede Darstellung 60 Hertz zur Verfügung steht.

Die unterschiedlichen Informationen werden sequentiell durch die Elektronik dargestellt. Durch eine Brille, die jeweils durch ein Glas das links und rechts polarisierte Licht hindurchläßt, erfolgt die Dekodierung. Das jeweilige Auge erhält so die richtige Abbildung und das Gehirn erzeugt den räumlichen Eindruck. Die Brille hat die Form und das Aussehen einer normalen Sonnenbrille.

Für die Grafikausgabe steht ein Grafikdrucker zur Verfügung, der auf Papier oder Folie ausdrucken kann. Die Auflösung beträgt 300 Punkte pro Inch. Damit bietet sich eine schnelle Möglichkeit, direkt vom Bildschirm ein entsprechendes Bild zu dokumentieren, um es herumzuzeigen oder zu archivieren. Andere Ausgaben lassen sich zu Großbildprojektoren oder zur Erzeugung von Dias und Papierbildern realisieren.

Zusammenfassend kann gesagt werden, daß mit entsprechender Leistung ausgestattete Rechner in die Bereiche Design und Styling hineingehören, und zwar in Form von Grafik-Workstations. Grafik-Workstations, weil dort die Rechenleistung direkt vor Ort am Arbeitsplatz zur Verfügung steht, um schnelle Interaktionen gewährleisten zu können. Eine ausreichende Leistungsfähigkeit muß deshalb vorhanden sein, damit sie als allgemeines Werkzeug akzeptiert wird. Ein solches Visualisierungssystem bildet dann die Brücke zur realen Welt, d.h. das, was vorher in gewissen Teilen durch Modell- und Formenbau realisiert werden mußte, kann jetzt durch ein Visualisierungssystem abgelöst bzw. ersetzt werden.

W. Obermüller; Intergraph Deutschland GmbH

Workstations and CAD for Industrial Design (Car Styling - Car Packaging)

I would like to talk about the Intergraph Engineering Modelling System. It's a general purpose modelling system that allows you to combine surfaces and solids together in one environment. But I would like to go into a more specific area, presenting an integrated tool for the development of custom applications for instance for the transportation design area.

GRADE: Grade stands for - it's one of those famous American abbreviations - **G**raphic **A**pplication **D**evelopment **E**nvironment, and is included with every **Intergraph Engineering Modelling System** (I/EMS).
GRADE is a
- high powered customization tool and programming interface and a
- interpretative language between the user and graphics.

GRADE provides access to the I/EMS command objects and graphic objects (wireframe, surface, solids). GRADE allows you to store in the design itself the relations, rules, and constraints between graphic titles, engineering data, and combinations. So GRADE enables the application developer to implement an integrated application mixing the two types of development tools.

The Building Blocks of GRADE

GRADE consists of expressions, the so-called associative geometry. (I will give later an example what we mean by associative geometry). We have dimensioning available there, and CI macros. CI macros are graphic objects. I probably need to point out that EMS is an object oriented environment. It was developed with the object oriented programming technique, and so every entity is called an object. CI macros are rather complex graphic entities, relations. And we also have an interface to data bases. I wrote INFORMIX on the slide. But we also have interface to INGRES and ORACLE. We will also be able to take the results of third party expert systems into the graphics. And last, but not least, the parametric programming language that represents the C-language structure.

Features of GRADE

It allows you to store a design process and allows you to implement and modify the rules, relations and constraints that you have between the graphic entities. We can recall the design process. You can place another instance of graphics also. It allows you also to replace a part of the design process.

An example would be: You design a wheel and a wheel hub, and you store the graphic and its relations in a macro. Then you recall this macro and place it four times, and all four wheels are based on the same set of rules. So, if you change the diameter of the wheel, all of them will change. You have access to all the EMS objects, that means graphic objects, - lines, surfaces, and solids - , and also to the command objects.

It allows you to build a rather powerful user interface with the I/INTERFACE module, and I will demonstrate the user interface later on the workstation.

Benefits for the User

The overall benefits for the user are a higher productivity in design iteration and the modification stage. This means, the use can take a look at a wider range of possible designs, and another point is that he thinks more about the design instead of how to construct the graphic geometry. So he is more busy with the design of a part than how to find out: "How the hell do I place the cylinder and make that intersection!"

Benefits for the Application Programmer

The benefits for the application programmer is, he can provide the "benfits to the user" mentioned before with the same effort that would be required with traditional programming methods like writing code in FORTRAN and so on. The important fact is the user can contribute to the programming task: So if we talked earlier about a wheel and a hub with its certain rules and constraints, the user can build that wheel, print the graphic entities and its relations to a data file and supply to the application programmer already "debugged" code. We believe that this is a very helpful feature not very often found that the user can really help the application programmer besides writing the specification to an application.

How can the User Expect to Work with an Application Developed with GRADE?

He works with application entities: with wheels, with steering wheels, with parts, and with its relationships that are of value to remember. So that means, he is not placing a cylinder in a block, and they say: I have to make a Boolean operation to get a hole in there. He'd rather place a hole with a tolerance of H7 in a block.

The user can drop the relations and receives traditional graphic entities, - lines, surfaces, solids, that are not related to each other any longer. We refer to them also a dumb graphics. Now the type of commands that you have is that you just place it like any traditional constructive element, and the manipulations, which, of course, ruled by the constraints and the relations that you defined earlier. And there is also an editor provided to manipulate these relations. I am going to show later what I mean by an editor.

But first I would like to give an example about associative geometry right here at the workstation.

(Figure 1.) A piston is a very simple geometry. If somebody is interested in how this example was built, I can demonstrate that later outside at the Intergraph booth.

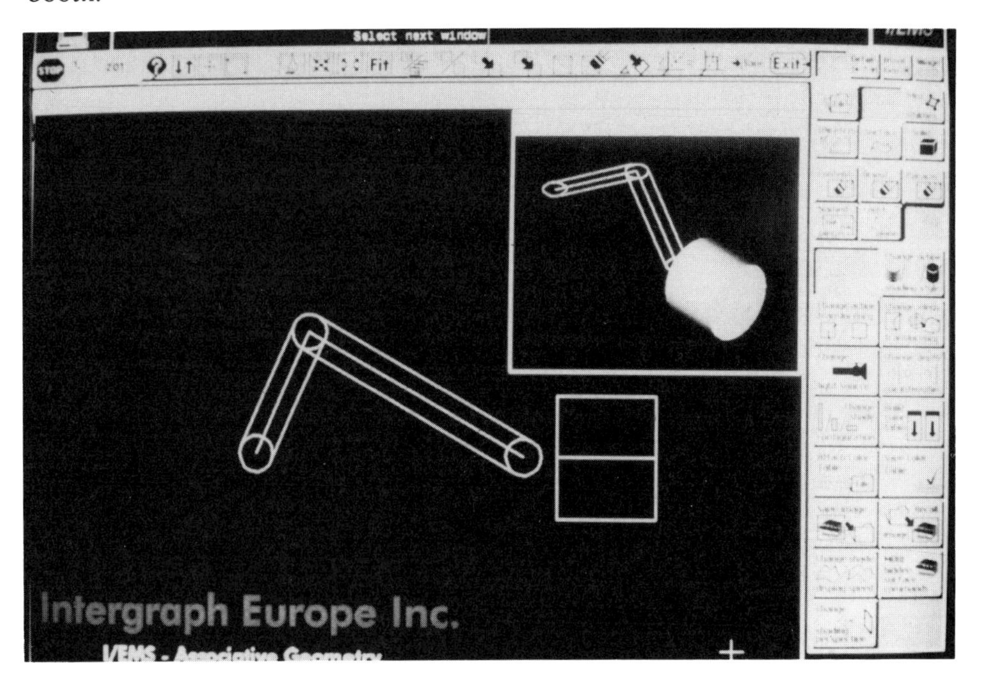

Figure 1. Piston Modelling

First, we need to place three so-called root points and connected them with associative lines using the middle point as a center for an associative circle. And if I move the upper point, the intersection point between the circle - it is the yellow point - the line will be forced to move.
In Figure 2. we have another circle with an intersection point on the right arm.

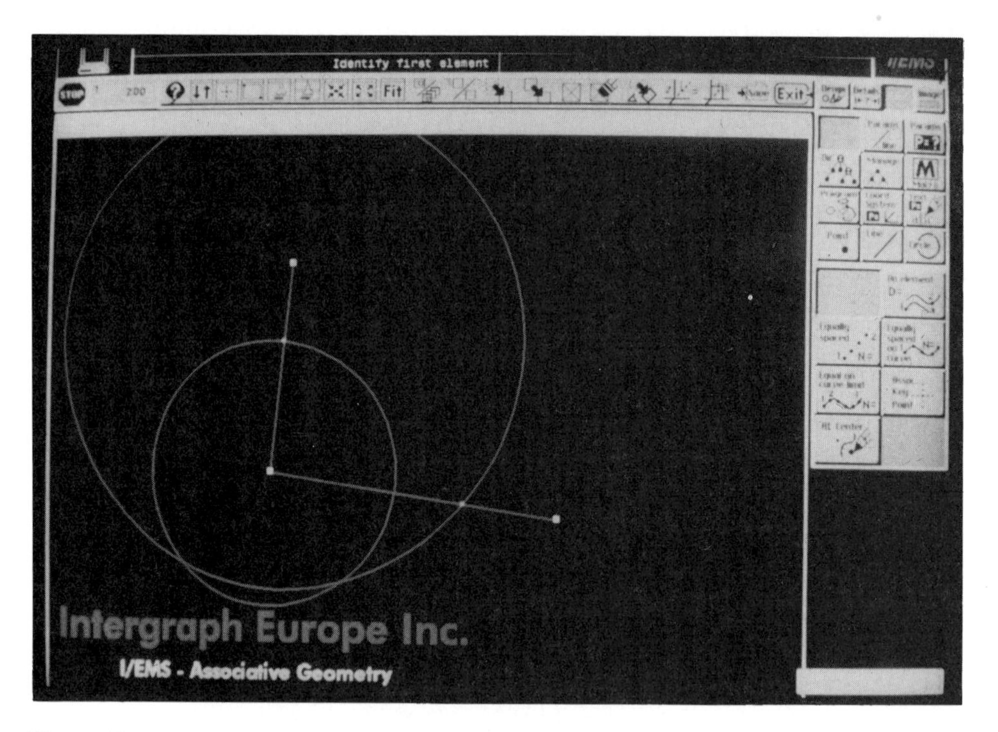

Figure 2.

In Figure 3. we placed more associative entities like circles and lines tangent to a circle in order to simulate a connecting rod.

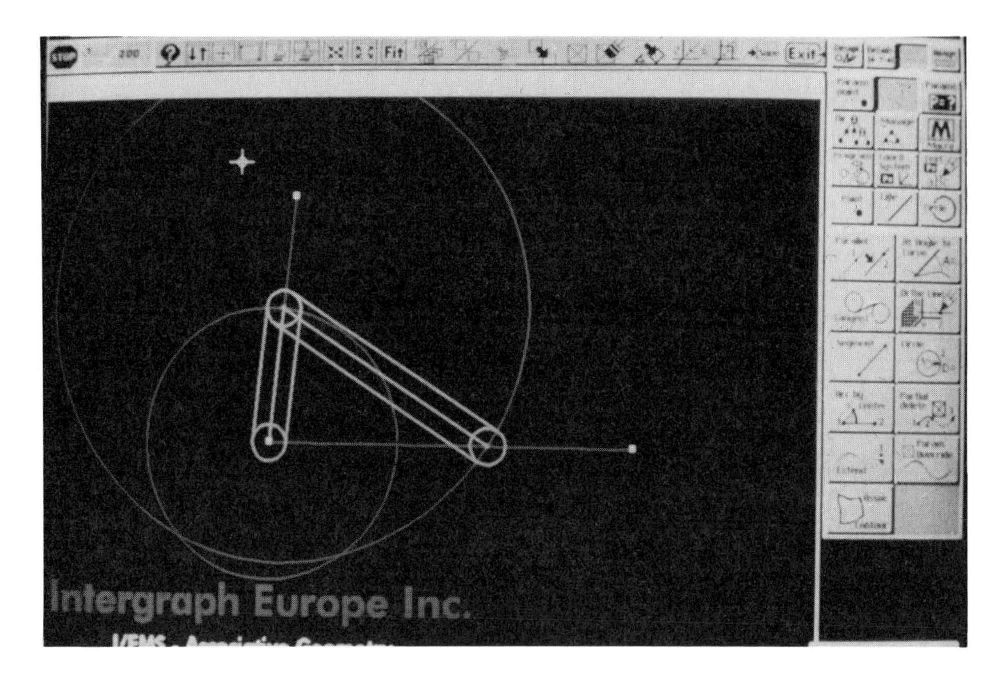

Figure 3.

In Figure 4. you can see the modified position of the root point.

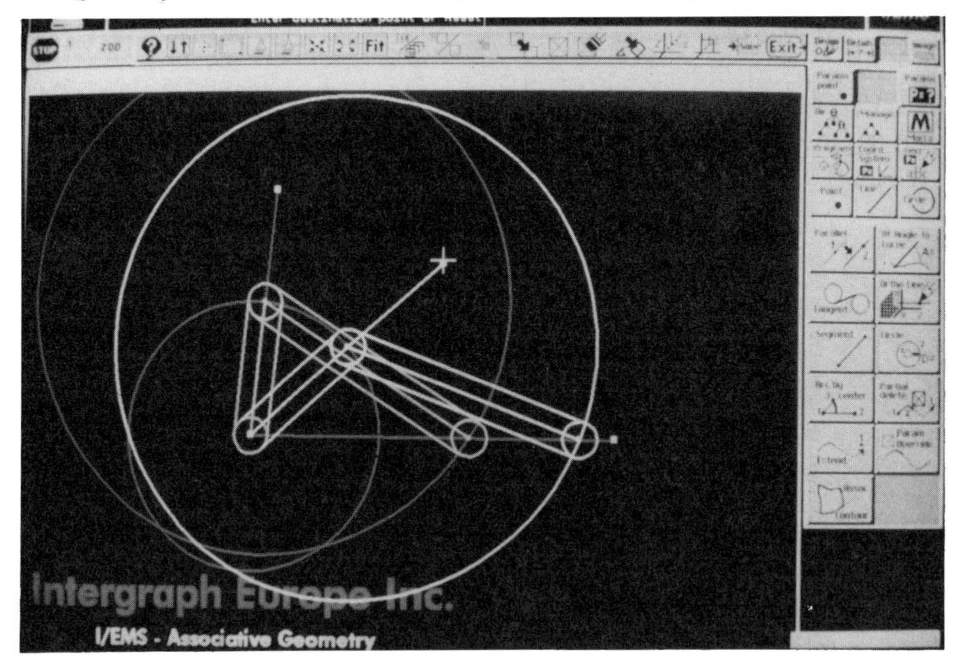

Figure 4.

And all the related geometry will move according to the relations. If we attach a piston, then we will get a small kinematic model. But I have to warn you! The associative geometry subsystem is not a kinematic modeler. You can use it to certain extensions and it might look like one, but it's not meant to be that.

Figure 5. and 6. shows, that the piston is attached via a so-called local coordinate system. By the way, the piston is a solid primitive.

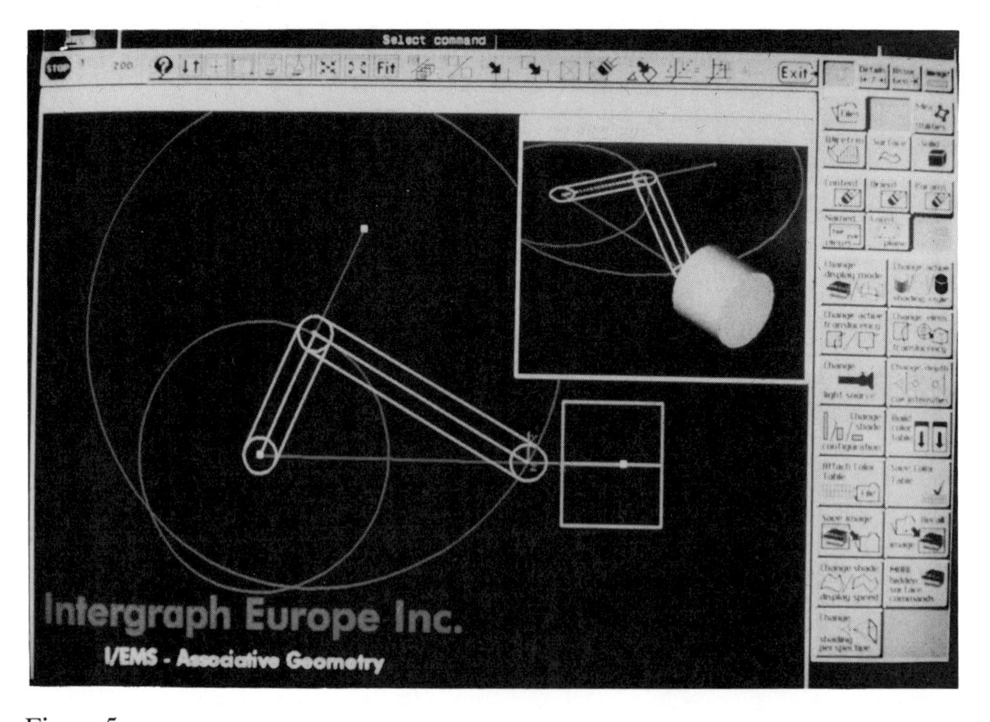

Figure 5.

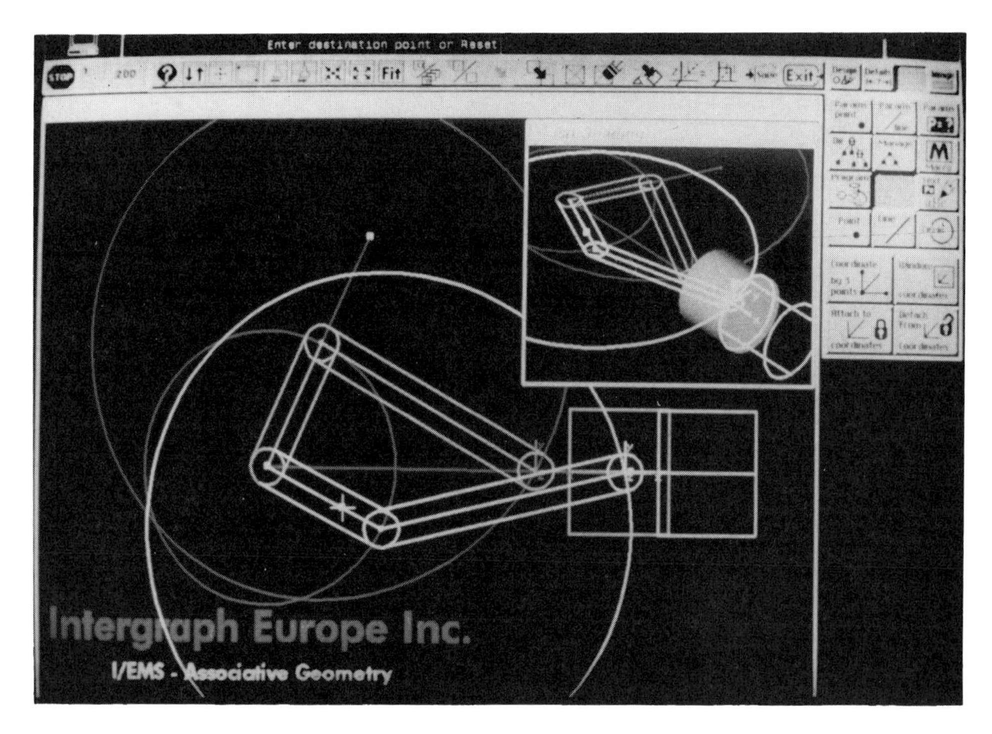

Figure 6.

Applying GRADE in Transportation Design

Let me go back to the proposal for transportation design. I've heard it earlier, and my fellow speakers mentioned it also, that there is a triangle relation between marketing, package engineering and design and styling. These instances, - besides the board of directors, define how a car will look, how it might behave. And that's what one refers to as the development specification. I guess in German it is called "Pflichtenheft".

What are the definitions of the product, the constraints? So what could be possible constraints? It could be the

wheel base - expression (2800 mm)
gauge - expression (1500 mm)
passenger - CI macro (SAMMY)
engine (size, position) - dumb graphic
trunk size - expression, CI macro

As an input to the system, we have the constraints and relations (Figure 7.) defined by the marketing, package engineering, design, and styling.

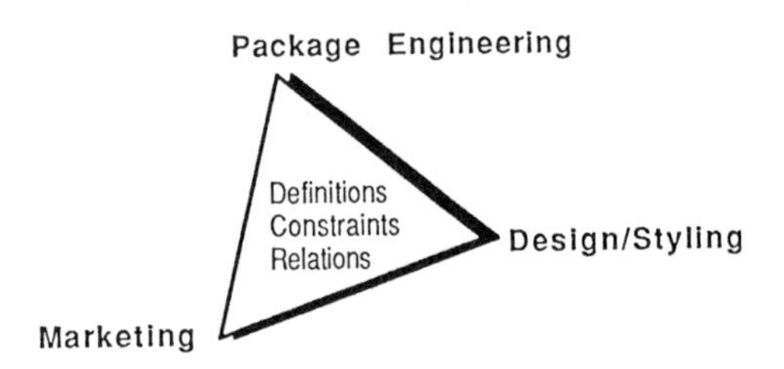

Figure 7. Relations

Imagine a group of marketing people, package engineers, and stylists sitting around a workstation and define the concept of an automobile and do modifications and iterations to the design.

For example lower the belt line, modify the roof parameters, and make other modifications until the results are acceptable. The output then can be used with the Intergraph/NC programming system for tool path creation, and within a couple of hours the product planning group will evaluate the results on a scaled wax or plastic model. There is also the possibility to automate the renderings - that's what we refer to as the pretty pictures - and we can achieve that with transferring the geometry into Intergraphs ModelView, a product that contains so-called ray tracing facilities (Figure 8.).

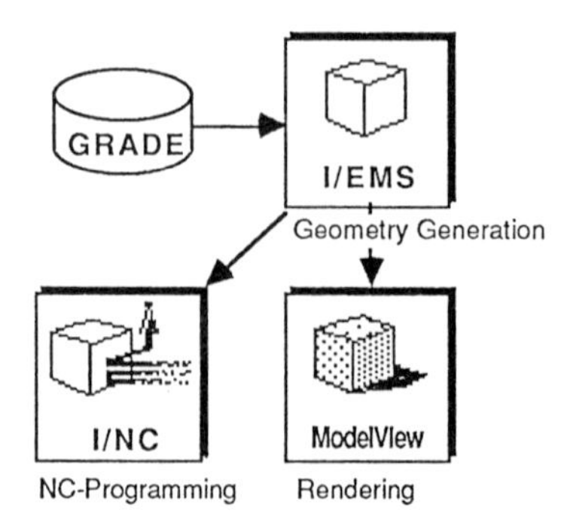

Figure 8.

Refer to Figure 9. for output options.

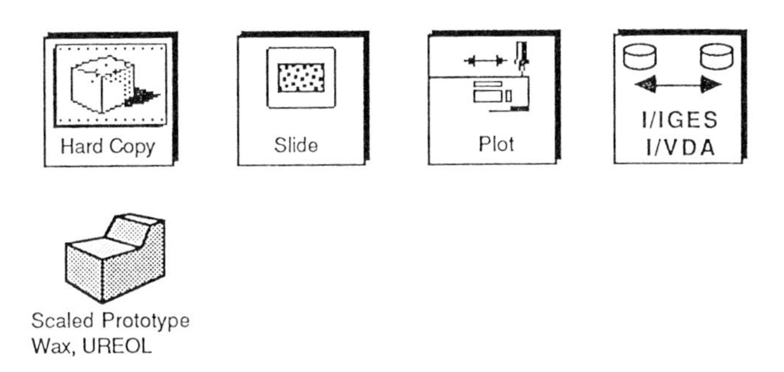

Figure 9. Output Options

Figure 10. shows the complete proposed work flow. So we have the input section, the work section, and an output. Most of the CAD systems on the market, I believe, are for the more engineering type of work. But CAD is reaching into the industrial design and styling area.

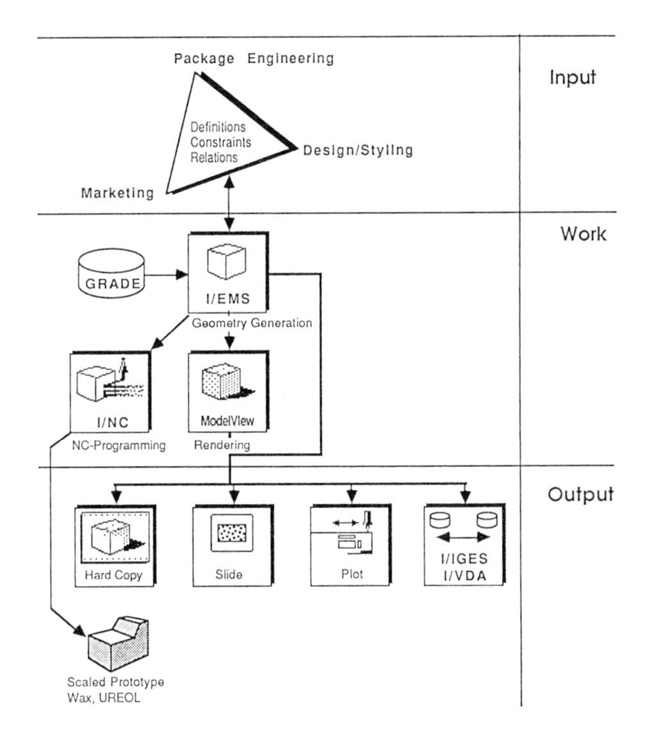

Figure 10.

The next 10 minutes were used for a demonstration. Subject of the demonstration was to show a way how to approach parametric package and styling for automobiles with the I/EMS package on a InterPro 360 workstation. A set of parameters and rules were used to sketch the outline of a car in 3D space. Different windows allowed the evaluation of the shapes (surfaces) and parameters in dynamic rotation in shaded or wireframe mode. The demonstration showed the interactive modification of the rules and parameters with the graphics updated accordingly.

Closing comments to the end of the demonstration

When I put this together, I thought, I could do it in one day, but it took me three days because I had to study the necessary relations and constraints. The actual modelling took only one day.

R. Lange; ehemals Sun Microsystems GmbH
jetzt ICEX Software Vertriebs GmbH

Trends in der Standardisierung der computerunterstützten Oberflächengestaltung

Durch die fortschreitende Entwicklung in der Computertechnologie wird es heute in immer größerem Maße möglich, eine photorealistische Oberflächengestaltung mit Hilfe eines Rechners in angemessener Zeit durchzuführen. Die verschiedenen Entwicklungswege der Techniken des Rendering (im Sinne von "darstellen"), bedürfen einer gewissen Standardisierung, um auch von einer breiten Anwenderschicht genutzt werden zu können. Die heutige Computerindustrie, sowohl die Hersteller als auch die Anwender, sehen immer mehr die Notwendigkeit von Standardisierung der verschiedenen Komponenten, mit denen der Benutzer oder der Programmierer arbeitet.

Das hat vor allen Dingen, aber nicht nur, in den USA zu gewissen Standards oder de-facto-Standards geführt. Dazu gehören solche wie UNIX, Ethernet, TCP/IP, NFS etc. Seit einiger Zeit schon gibt es sogenannte Grafik-Standards, z.B. GKS, PHIGS, CORE, usw. Diese Standards ermöglichen es auch kleineren Software-Häusern ihre Applikationen auf den verschiedensten Rechnern anzubieten. Daraus ergibt sich für den Anwender widerum ein wesentlich größeres Angebot an Applikationen.

Wenn man diese Möglichkeiten nun auch auf die Techniken innerhalb der photorealistischen Darstellung überträgt, ergibt sich die Frage, wo ein solcher Standard entwickelt werden könnte. Zunächst einmal etablierte sich eine Gruppe von Vertretern von 12 führenden Firmen aus diesem Markt, um die Möglichkeiten zur Standardisierung zu prüfen. Aus den Erfahrungen in dem Standardisierungsvorgang anderer Spezifikationen, entschied die Gruppe eine schon vorhandene Spezifikation als Grundlage zu benutzen und nur kleine Änderungen vorzunehmen. Diese Vorgehensweise sollte die Standardisierung, zumindest innerhalb der Mitglieder dieses Konsortiums, beschleunigen.

Bei dem nun eingebrachten Vorschlag für ein Standard-Interface handelt es sich um "RenderMan", welches von der Firma PIXAR in Kalifornien, USA entwickelt wurde. Die Firma PIXAR enstand aus einer Absplitterung der Lucas-Film Inc., die u.a. den Film "Tron" produziert hat.

RenderMan enthält eine grosse Anzahl von Routinen zur Gestaltung von dreidimensionalen Gegenständen im Raum. Die dabei angebotenen Möglichkeiten zur Gestaltung der Oberflächen entsprechen dem heutigen Stand der Technik, d.h. alle heute bekannten Algorithmen sowie Verfahren sind einbezogen. Weiterhin ermöglicht die Spezifikation selber Erweiterungen, um den Anforderungen der zukünftigen Entwicklung in dem Gebiet des "Rendering" standhalten zu können. Die Märkte für eine solche Entwicklung beschränken sich dabei nicht nur auf künstlerische Anwenderkreise. Vielmehr wird in vielen Industriezweigen der Ruf nach hochqualitativen Präsentationswerkzeugen immer lauter.

Innerhalb der computerunterstützten Konstruktionsphase ist der Übergang zur standardisierten Werkzeugen schon vollzogen. Dabei waren Standard-Entwicklungen wie GKS (Grafisches Kernsystem) für zweidimensionale Anwendungen und seit Mitte 1988 PHIGS (**P**rogrammer's **H**ierarchical **I**nteractive **G**raphics **S**ystem) für dreidimensionale und hierarchische Anwendungen sehr hilfreich.

Daher ist es kaum verwunderlich, daß auch die Präsentationsphase eine Auswahl an standardisierten Werkzeugen benötigt. Dabei kann "RenderMan" als Gerätetreiber für PHIGS oder PHIGS+ (die erweiterte Version von PHIGS) verstanden werden.

Durch das aufkommende Interesse einiger Firmen in diesem Markt an der Herstellung von Hardware-Unterstützung für die Rendering-Algorithmen, wuchs auch das Interesse der potentiellen Kundenbasis auf einschlägigen Konferenzen und Messen, wie z.B. SIGRAPH'88, in Atlanta, USA. "RenderMan" wird sich daher wohl als Industriestandard oder sogenannter de-facto-Standard durchsetzen.

Die "RenderMan" zugrundeliegenden Algorithmen sind inzwischen so stabilisiert und von der Industrie anerkannt, daß sie ein gutes Preis/Leistungsverhältnis versprechen und somit neue Märkte für die photorealistische Darstellung eröffnen. Optimale Systemumgebungen würden "RenderMan" als Gerätetreiber für PHIGS+ einsetzen, wobei PHIGS+ selbst wieder von der eigentlichen Applikation angestoßen wird. Dabei müssen noch einige Spezifikationen von der Applikation direkt an "RenderMan" abgegeben werden. Diese Systemumgebung kann nun auf verschiedenen Rechnern abgearbeitet werden, da es sich um standardisierte Werkzeuge handelt.

Natürlich ist es auch möglich "RenderMan" ohne PHIGS oder PHIGS+ einzusetzen. "RenderMan" hat ein eigenes Interface-Protokoll. Es handelt sich hier um ein ASCII-Protokoll, das zur Komprimierung auch in ein Binärprotokoll umgewandelt werden kann. Dieses Protokoll kann als quasi "Metafile" dienen, um die Bilder zwischenzulagern, oder von einem Rechner zum anderen zu transportieren. Weiterhin gibt es ein interaktives Werkzeug innerhalb von "RenderMan" um das "Rapid Prototyping" zu unterstützen. Bei "RenderMan" ist also sowohl die Bibliothek als auch das Protokoll standardisiert.

Die typische "RenderMan" - Anwendung innerhalb einer Workstation-Konfiguration könnte folgendermaßen aussehen: Innerhalb eines Netzwerkes gibt es mehrere sogenannte "Modelling"-Workstations, auf denen die Modellierung der Gegenstände durchgeführt wird. Weiterhin gibt es in diesem Netzwerk einen sogenannten Number-Cruncher (Hochleistungsrechner), der die wirkliche Berechnung der Szenen durchführt. Die Darstellung der Szene wird hierbei genau über das "RenderMan"-Interface-Protokoll spezifiziert und von einem Rechner zum anderen übertragen.

"RenderMan" wird aber auch über Mechanismen verfügen, die es erlauben, Datenformate gängiger CAD-Pakete interpretieren zu können. Die Entwicklung von "RenderMan" ist noch nicht abgeschlossen. "RenderMan" soll vielmehr ein Anfang zur Entwicklung und ein Leitfaden für noch leistungsfähigere und schnellere Algorithmen und Implementierungen darstellen. Die Erweiterungen die vom Markt und der Entwicklung zwangsläufig gefordert werden, konnen eingebracht werden, ohne die Spezifikation oder Philosophie von "RenderMan" zu verletzen.

W. Lynen, M. Gravius; Prime Computer Inc.

Integration von Styling, Konstruktion, Berechnung und Fertigung im Automobilbau innerhalb der CAD/CAM-Welt

Das Thema dieses Nachmittages lautet: Arbeitsweisen von Designern heute und morgen - Grenzen und Möglichkeiten der Rechnerunterstützung.

Ich möchte in meinem Vortrag den Begriff Design etwas weiter fassen, Design also nicht nur verstanden wissen als Styling, sondern Design erweitern in Richtung Produkt-Design, in Richtung Konstruktion. Denn schließlich ist ja bei einem Auto nicht nur die äußere Form, das gelungene Styling, von Bedeutung; es kommt vielmehr auch entscheidend darauf an, ob die Vorstellungen des Stylisten konstruktiv umgesetzt werden können, ob die äußere Form den statischen und dynamischen Belastungsanforderungen genügt, und natürlich ist es auch wichtig, wie die Ideen des Stylisten in Blech und Kunststoff realisiert werden können, wie also die Verbindung von Design zur Fertigung aussieht.

In diesem erweiterten Sinne von "Design" möchte ich Ihnen die heute vorhandenen Möglichkeiten der Integration von Styling, Konstruktion, Berechnung und Fertigung im Automobilbau durch ein integriertes CAE/CAD/CAM-System vorstellen.

Wenn man sich mit Konstruktions- und Fertigungsleitern in der Automobilindustrie unterhält, werden einige Trends deutlich:

- Abnehmende Fertigungstiefe, d. h. nicht alle Teile zu einem Auto werden vom Produzenten selbst hergestellt, sondern ein zunehmender Teil wird von Zulieferfirmen bezogen.
- Steigende Ansprüche an Produkteigenschaften und Qualität, z. B. höhere Leistung, niedrigeres Gewicht, geringer Treibstoffverbrauch.
- Kürzere Entwicklungszeiten, um mit den neuen Produkten schneller auf die sich ändernden Erfordernisse des Marktes reagieren zu können.

Was diese Trends in der Praxis bedeuten, kann man exemplarisch an einem Auto-Bauteil, z. B. an einer Stoßstangenverkleidung, erklären.

Die äußere Form der Stoßstangenverkleidung, entweder über ein Computer Aided Styling System oder über den herkömmlichen Weg eines Tonmodells entworfen, definiert zunächst einmal ein Flächenmodell.

Dieses Flächenmodell kann nun über eine Schnittstelle an den Zulieferer oder ein Konstruktionsbüro übergeben werden. Das Design-Flächenmodell muß nun detailliert und auskonstruiert werden, z.B. müssen Befestigungen definiert werden usw. An die Stoßstangenverkleidung werden auch festigkeitsmäßige Anforderungen gestellt, also sind Berechnungen durchzuführen, z. B. Finite Elemente Berechnungen. Wenn die Konstruktion allen Erfordernissen gerecht wird, müssen Zeichnungen der Stoßstangenverkleidung erstellt werden; diese Zeichnungen dienen als Unterlage für die Fertigungsplanung, für die Montage, für Dokumentation usw. Ein wichtiger Bestandteil dieser Zeichnungen sind Norm- und Wiederholteile, die zweckmäßig in rechnergespeicherten Katalogen abgelegt sind.

Die vorhandenen Flächen- und Konstruktionsdaten werden auch zur Steuerung von NC-gesteuerten Werkzeugmaschinen verwendet, die im Fall der Stoßstangenverkleidung das zur Herstellung benötigte Kunststoffspritzguß-Werkzeug bearbeiten. Das fertige Werkzeug und die endgültigen Stoßstangenverkleidungen werden schließlich mit CNC-gesteuerten Koordinatenmeßgeräten vermessen, wobei wiederum auf die vorhandenen Flächen- und Konstruktionsdaten zurückgegriffen wird. Diese Daten können auch noch zur Programmierung von Robotern verwendet werden, die die Verkleidung am fertigen Auto montieren.

Man sieht: Die einmal generierten Daten, ausgehend vom Design-Modell, werden an vielen Stellen wieder benötigt. Es liegt also nahe, diese Daten nicht immer wieder neu zu generieren, sondern es muß sichergestellt werden, daß diese Daten durchgängig in allen Einzelschritten verwendet werden können. Die Vorteile einer solchen integrierten CAD/CAM-Lösung liegen klar auf der Hand:

- Die Konsistenz der Daten, z. B. zwischen Produzent und Zulieferbetrieb, ist gesichert, genauso wie die Übereinstimmung der Daten zwischen Karosserie und Innenausbau. Alle gefertigten Einzelteile passen zusammen.
- Die Qualitätsanforderung an das Endprodukt werden erfüllt. Die einmal entworfenen Oberflächendaten werden maßhaltig an die Karosseriewerkzeuge weitergegeben. Finite Elemente-Berechnungen und kinematische Analysen garantieren die ausreichende Festigkeit bei geringstmöglichem Gewicht.

- Die Entwicklungszeiten werden verkürzt. Wenn vorhandene Daten, z. B. aus der Design-Abteilung oder der Konstruktion, direkt für die Fertigung übernommen werden können, so stellt dies nicht nur sicher, daß alle mit dem gleichen Datenbestand arbeiten, sondern es erspart auch enorm viel Aufwand.

Es sprechen also gewichtige Argumente für den Einsatz eines integrierten CAD/CAM-Systems im Automobilbau. Ich möchte Ihnen nun vorstellen, welche Möglichkeiten solche Systeme in den vier zentralen Bereichen Styling, Konstruktion, Berechnung und Fertigung aufweisen.

Styling

Wenn durch Marktuntersuchungen ein bestimmter Zielmarkt und ein entsprechender Automobil-Typ definiert wurde, ist einer der nächsten Schritte das Styling, also die Gestaltung der Außenhaut.

Computer Aided Styling ist in diesem Bereich ein oft zu hörendes Schlagwort. Auf diesem Gebiet sind in den letzten Jahren viele Neuentwicklungen zu verzeichnen gewesen. Der Grund hierfür sind Fortschritte in der Rechner-Hardware und in der Software.

Worum geht es beim Computer Aided Styling?

Das Ziel ist, daß ein Designer seine Vorstellungen vom Aussehen eines Produktes nicht mehr mit Farbstiften auf Papier bringt, sondern daß das Design am Bildschirm eines Computers geschieht. Der Designer definiert also nicht nur eine zweidimensionale Darstellung auf Papier, sondern er ist in der Lage, räumliche Kurven zu definieren, und was noch wichtiger ist, er kann ein Flächen- und Volumenmodell des Produktes erstellen.

Hierbei erscheint mir, daß drei hauptsächliche Schwierigkeiten bestehen, die aber in den letzten Jahren einer Lösung näher gekommen sind:

Die Visualisierung, also das Sichtbarmachen des dreidimensionalen Flächenmodells am Bildschirm. Heute stehen hierfür sehr leistungsfähige Hardware-Prozessoren zur Verfügung, die es ermöglichen, quasi in Echtzeit ein 3D-Modell am Bildschirm zu drehen oder ein interessierendes Detail genauer zu betrachten. Die an sich schon hohe Auflösung der heutigen Raster-Farbbildschirme kann subjektiv für den Betrachter durch Anti-Aliasing Techniken weiter verbessert werden. Hierzu kommt die Darstellung in Farbe. Und ein sehr guter 3D-Eindruck kann durch die sogenannte Depth-Cueing Technik vermittelt werden. Hierbei werden im Raum hinten liegende Konstruktionsteile dunkler dargestellt, während die vorn liegenden Flächen deutlich sichtbar hervortreten.

Auch zur farbschattierten Darstellung von Flächenmodellen gibt es spezielle Prozessoren, mit denen man sich als Designer schnell ein Bild davon machen kann, ob das rechnerinterne Flächenmodell den Vorstellungen entspricht.

Und für qualitativ hochwertige Darstellungen wurden in den letzten Jahren spezielle Berechnungsverfahren auf dem Markt verfügbar, die es erlauben, Oberflächen mit Strukturen zu versehen (z. B. kann man eine Sitzoberfläche mit Cordstoff darstellen, eine Aluminiumfelge mit matter Oberflächenstruktur und den Lack der Karosserie mit Hochglanz). Mit der Ray-tracing Technik ist es auch möglich, Spiegelungen und reflektierende Oberflächen zu berechnen.

Eine zweite Hauptschwierigkeit beim Computer Aided Styling bestand in der Mathematik der Flächen- und Volumenmodellierung. Im Automobilbereich sind überwiegend große Fläcchenteile zu entwerfen, die ziemlich wenig gekrümmt sind, dann aber in der Nähe der Flächenränder starke Krümmungen aufweisen. Ein Beispiel hierfür ist ein PKW-Dach, das im Bereich der Regenrinne oder der Anschlüsse an die Säulen stark gekrümmt sein kann. Es kann auch vorkommen, daß in eine ansonsten weitgehend glatte Fläche Knicke und Kanten eingebracht werden müssen. Und schließlich müssen die vielen Einzelflächen, aus denen die Karosseriedefinition besteht, zu einer topologischen Einheit zusammengefaßt werden. Das mathematische Verfahren, das alle diese Anforderungen erfüllt, heißt NURBS (**N**on-**U**niform-**R**ational **B**-**S**plines).

Mit NURBS kann man sehr glatt verlaufende Kurven und Flächen erzeugen, mit NURBS kann man aber auch Knicke und Kanten definieren. Wichtig ist vor allem: Mit NURBS kann man lokale Änderungen in einem bestimmten Flächenbereich vornehmen. Man wählt eine bestimmte Flächenregion an und kann sie herausziehen oder hineindrücken, ziehen oder stauchen. Genau so, als ob man an einem physikalischen Modell Material wegfeilt oder hinzuspachtelt. Und die Änderungen an der Fläche kann man sofort am Bildschirm überprüfen.

Ein drittes Problem scheint mir die Bedienung eines solchen Sytems zu sein. Designer sind die Arbeit mit Papier oder mit dem Tonmodell gewohnt. Die Bedienung eines Computers setzt ganz andere Fähigkeiten voraus. Aber auch hier hat sich in den letzten Jahren einiges getan. Die Bildschirm-Menütechnik ist hierfür ein Beispiel genauso wie die Verwendung von Drehgebern, mit denen man Modelle auf dem Bildschirm rotieren kann oder mit denen interaktiv Flächenbereiche verformt werden können.

Man kann also feststellen, daß einige Hauptprobleme beim Computer Aided Styling durch die Entwicklungen der letzten Jahre einer Lösung nahe gekommen sind. Trotzdem kann man ebenfalls feststellen, daß die Mehrzahl der Autos, die heute produziert werden, auf eine andere Weise entstanden sind.

Das klassische Verfahren ist das Design anhand von physikalischen Modellen, deren letzte Stufe ein Modell im Maßstab 1:1 ist. Dieses sog. Urmodell legt die verbindliche äußere Form des Autos fest. Dieses Modell wird anschließend von dreidimensionalen Koordinatenmeßgeräten abgetastet. Die Meßdaten sind mit gewissen Fehlern versehen, kleineren Beulen beispielsweise oder nicht vollständiger Symmetrie. Daher werden die Meßdaten an einen Rechner übergeben und anschließend geglättet.

Auch hier spielt die NURBS-Mathematik eine große Rolle, denn sie ermöglicht es, unterschiedliche Glättungsparameter einzugeben, Flächenverbände aus mehreren Einzelflächen aufzubauen usw.

Damit steht nun, entweder über Computer Aided Styling oder über die geglätteten und aufbereiteten Abtastdaten des Urmodells ein rechnergespeichertes Flächenmodell zur Verfügung, das den Ausgangspunkt darstellt für die weiteren Konstruktionstätigkeiten, sei es an der Außenhaut, den Inneneinbauten oder den Komponenten des Antriebs.

Konstruktion

Mit der Festlegung der äußeren Gestalt eines Autos ist zwar bereits ein wichtiger Schritt getan, aber der Löwenanteil der Arbeit steht noch bevor, nämlich die Detailkonstruktion der Karosserie (sowohl außen als auch innen liegende Teile), ferner die Innenraumeinbauten und natürlich die Aggregate des Antriebs.

Für die Konstruktion der Karosserie und des Innenraums werden von CAD-Systemen teilweise andere Eigenschaften verlangt als sie für das Computer Aided Styling erforderlich waren. Bei der Konstruktion kommt es nicht so sehr auf schnelle und optisch hochwertige Visualisierung an, sondern vielmehr auf ein Höchstmaß an Funktionalität in der Flächenmodellierung.

Das System muß in der Lage sein, Flächen zu begrenzen, d. h. Löcher in vorhandene Flächen einzubringen, z. B. eine Öffnung für das Schiebedach.
Es muß ein Profil entlang einer Raumkurve austragen können, z. B. ein Gummi-Dichtungsprofil entlang einer Fensterkante. Es muß in der Lage sein, Äquidistantenflächen zu konstruieren - wichtig auch für Blechteile.

Ausrundungen mit variablen Radien müssen zwischen Flächen eingefügt werden können. Und bei allen diesen Operationen muß sichergestellt sein, daß die tangentialen Übergänge zwischen den Einzelflächen erhalten bleiben, sonst stellen sich unerwünschte Knicke ein. Zusätzlich werden Analysefunktionen gefordert, mit denen das Aussehen und die Eigenschaften von Kurven und Flächen überprüft werden können, z. B. eine farbliche Darstellung der Gauß'schen Krümmung einer Oberfläche oder die graphische Darstellung der Krümmungsradien einer Kurve. Eine wichtige Voraussetzung ist ferner, daß das CAD-System die gleichzeitige Konstruktion in mehreren Ansichten zuläßt.

Für die Konstruktion von Komponenten stehen wiederum etwas andere Komponenten im Vordergrund. Viele Komponenten sind Blechteile, Schmiedeteile, Drehteile, Gußteile, Kunststoffspritzgußteile usw., also relativ massive Körper, die schlecht als Flächenmodell dargestellt werden können. Für solche Bauteile wählt man entweder die Drahtdarstellung, bei der nur die Kanten eines Bauteils abgebildet werden oder die Volumenmodellierung.

Die Volumenmodellierung ist die vollständigste Art der rechnerinternen Darstellung eines Bauteils. Sie eignet sich besonders für extrem komplexe Teile, z. B. für Kurbelwellen mit Ölbohrungen oder für Vergasergehäuse mit vielen Öffnungen und Bohrungen. Obwohl in der Praxis solche Bauteile heute vielfach noch als Drahtmodell konstruiert werden, geht der Trend in Richtung Volumenmodellierung. Diese Entwicklung wird ermöglicht durch die Fortschritte der letzten Jahre auf den Gebieten Hardware und Software. Die Volumenmodellierung ist vom Rechner- und Speicherbedarf her ein aufwendiges Verfahren, aber die Vorteile liegen klar auf der Hand:

- Exakte und eindeutige dreidimensionale Beschreibung des Bauteils.
- Unsichtbare Bauteile (verdeckte Kanten) können automatisch ausgeblendet werden, dies erleichtert die Erstellung von Zeichnungen.
- Genaue Untersuchungen von Einbauverhältnissen und Abständen einzelner Komponenten.
- Exakte Berechnung von Volumen, Gewicht und Trägheitswerten.

Bei der Volumenmodellierung stehen unterschiedliche mathematische Verfahren zur Verfügung: Das sogenannte Facettenmodell oder das Verfahren der "Boundary Representation", ein exaktes Volumenmodell.

Der Vorteil der Boundary Representation Methode ist der, daß das erstellte Volumenmodell problemlos weiterverarbeitet werden kann: Aus einem exakten Volumenmodell kann eine genaue Zeichnung ohne Facetten abgeleitet werden. Und ein exaktes Volumenmodell kann direkt zur NC-Programmierung verwendet werden. Hier kommen die Zeitersparnis und die Kostenvorteile eines integrierten CAD/CAM-Systems voll zum Tragen.
Eine Ergänzung noch zu den unterschiedlichen Modellierungsverfahren. Karosserieteile werden überwiegend als Flächenmodelle definiert, komplexe Komponenten des Antriebs werden mit Volumenmodellen beschrieben, und viele Bauteile werden heute noch als Drahtmodell konstruiert. Aber das Ganze soll schließlich ein Auto werden; alle Einzelteile müssen am Ende zusammenpassen. Eine wichtige Forderung ist also die Durchgängigkeit zwischen den einzelnen Modellierungsverfahren. Hierbei reicht es nicht aus, daß man in einer Konstruktion alle drei Verfahren gemeinsam verwenden kann. Es muß vielmehr möglich sein, von jeder Modellierungsart in jede andere überzugehen, also z. B. ein Drahtmodell mit Flächen zu erweitern, anschließend die Flächen zu einem Volumen zusammenzufassen. Genauso muß es möglich sein, aus einem Volumen einzelne Flächen zu extrahieren. Der Konstrukteur muß in der Lage sein, jeweils das für seine Aufgabenstellung optimale Modellierungsverfahren zu wählen.

In den letzten Jahren hat auch die Elektronik im Automobilbau stark zugenommen. Ich möchte hier als Beispiele erwähnen: ABS, Motor-Elektronik, elektronische Tachometer, Bordcomputer. Wenn dieser Trend anhält, spricht in ein paar Jahren niemand mehr vom Triebwerk mit 16 Ventilen, sondern vom 32 Bit-Bordcomputer.

Auf jeden Fall müssen alle diese elektronischen Bauteile auf Leiterplatten angeordnet werden, und diese Leiterplatten müssen in einem sehr beschränkten Raumangebot untergebracht werden. Auch hier ist es ein Vorteil, wenn das CAD-System sowohl ein Elektronik-Modul wie ein Mechanik-Modul besitzt. Aus dem Mechanik-Modul stammt die physikalische Gestalt der Leiterplatte. Im Elektronik-Modul wird der Schaltplan eingegeben und durch Simulation verifiziert, es werden die Bauteile plaziert und schließlich die Leiterbahnen entflochten. Die fertige Leiterplatte kann anschließend in die mechanische Konstruktion integriert werden, einschließlich aller dreidimensionalen Komponenten.

Wichtig für die Konstruktion ist auch die Tatsache, daß für viele Konstruktionsaufgaben heute externe Firmen hinzugezogen werden, und daß viele Einzelteile von Zulieferunternehmen gefertigt werden. Dabei spielt der Zeichnungsaustausch zwischen Hersteller und Zulieferer eine große Rolle. Dieser Zeichnungsaustausch findet heute in immer geringerem Maß per physikalischer Zeichnung statt; in zunehmnendem Maß werden CAD-Daten direkt ausgetauscht.

Bei der Vielzahl der im Einsatz befindlichen CAD-Systeme sind daher Schnittstellen zwischen den unterschiedlichen Systemen eine zwingende Notwendigkeit. Für den Austausch von Produktdaten stehen heute quasi genormte Schnittstellen zur Verfügung, z. B. IGES zum Austausch von Zeichnungen oder VDA-FS zum Austausch von Flächenmodellen. Die VDA-Flächenschnittstelle geht auf eine Initiative des VDA zurück. Sie ist mittlerweile zu einem Standard des Produktdatenaustausches geworden. Eine weitere Schnittstelle, STEP, befindet sich momentan in der Definitionsphase.

Trotz aller Schnittstellen und integrierter NC-Module: Die Erstellung einer normgerechten Werkstattzeichnung ist auch heute noch eine Notwendigkeit. Für diese Aufgabe muß das CAD-System über eine klare Struktur verfügen, die es ermöglicht, von einem dreidimensionalen Modell eine zweidimensionale Zeichnung abzuleiten. Einige Schlagworte hierzu sind getrennter Modell- und Zeichnungsmodus, assoziative Bemaßung usw.

Und wenn man eine Zeichnung erstellt hat, so sollte es möglich sein, die Zeichnung in einem integrierten Desk Top Publishing System zu verwenden. Montagezeichnungen, Reparaturanleitungen und Produktbeschreibungen sind beispielhafte Anwendungen - auch hier geht man zweckmäßigerweise vom vorhandenen CAD-Datenbestand aus und kann somit viel Zeit und Geld einsparen.

Berechnung

Die Berechnung spielt heute im Automobilbau eine viel größere Rolle als früher. Die Rahmenbedingungen sind heute enger gesetzt als noch vor ein paar Jahren: Es müssen ganz bestimmte Sicherheitsanforderungen erfüllt werden, der Treibstoffverbrauch muß möglichst niedrig sein, die Komfortansprüche sind gestiegen und zu alledem müssen auch noch wertvolle Rohstoffe eingespart werden. Diese teilweise sich widersprechenden Forderungen können nur durch genaue Analysen und Berechnungen erfüllt werden.

Im Folgenden sollen einige Berechnungsverfahren kurz geschildert werden, die sich vorteilhaft im Rahmen eines integrierten CAE/CAD/CAM-System anwenden lassen. Die Berechnung von Querschnittswerten, z. B. von Fläche, Schwerpunkt und Trägheitsmomenten, gehört selbstverständlich zum Standardumfang jedes CAD-Systems.

Der Vorteil:
Man legt z. B. einen Schnitt durch ein vorhandenes Profil und erhält auf Kopfdruck sämtliche gesuchten Werte, und zwar mit hoher Genauigkeit. Auch die Berechnung von Volumen , Massen und Trägheitswerten von Volumenmodellen ist automatisch durchführbar. Und die Massen von einzelnen Komponenten können kombiniert werden; dies ermöglicht die Berechnung des Gesamtschwerpunktes einer Baugruppe.

Aufwendiger als die Berechnung von Volumen ist die Finite Elemente Berechnung. Dieses Verfahren, das aus der Luft- und Raumfahrt stammt, hat mit der Verbreitung des Leichtbaus auch in der Automibilindustrie zunehmend Anwendung gefunden. Bei der Finite Elemente Berechnung wird ein komplexes Bauteil in eine Vielzahl von Elementen, kleinen Bausteinen, zerlegt. Ein einzelnes Element hat definierte Eigenschaften und ist leicht zu berechnen; viele solcher Elemente zusammengefaßt ergeben sehr umfangreiche Gleichungssysteme, die selbst Großrechner für Stunden beschäftigen können.

Was sind die Anwendungen der Finiten Elemente Methode im Automobilbau? Lineare Statik reicht aus, um eine Karosseriestruktur auf hinreichende Steifigkeit zu untersuchen. Mit dynamischen Berechnungsverfahren kann ein Bauteil auf Eigenschwingungen, d. h. auf sein Resonanzverhalten untersucht werden. Thermische Berechnungen werden durchgeführt, um beispielsweise die Beanspruchung des Zylinderkopfes unter Betriebstemperatur zu untersuchen. Und nichtlineare Berechnungsverfahren werden eingesetzt, um das Crash-Verhalten eines Fahrzeuges zu verbessern. Finite Elemente Berechnungen werden auch zur Optimierung der Inneraum-Akustik und zur Berechnung der Wärmeeinstrahlung durch die Verglasung verwendet.

Allen diesen unterschiedlichen Anwendungen und Berechnungsverfahren ist eines gemeinsam. Das physikalische Modell muß zunächst zu einem Finite Elemente Modell aufbereitet werden. Im Klartext heißt das: Es müssen hunderte und tausende von Knotenpunkten und Elementen definiert werden. Dafür stehen sog. Netzgeneratoren zur Verfügung. Diese Netzgeneratoren benötigen als Eingabe die zu vernetzende Geometrie - und diese Geometrie liegt üblicherweise im CAD-System vor.

Es gibt einige Gründe, die für die Verwendung eines in das CAD-System integrierten Netzgenerators sprechen.
Die Geometrie kann direkt verwendet werden, ohne Verluste durch Schnittstellen. Aber vor allem: Die CAD-Geometrie und die FEM-Geometrie sind etwas unterschiedlich. Im CAD-Modell sind möglicherweise einige Details enthalten, die für das FEM-Modell nicht relevant sind, z.B. kleinere Bohrungen, Ausrundungen, Fasen usw. Andererseits muß das CAD-Modell eventuell ergänzt werden um Lasteinleitungspunkte. Die CAD-Geometrie muß also üblicherweise verändert werden, um daraus eine vernetzbare Geometrie zu schaffen. Und diese Modifikationen führt man besten **während** der FEM-Modellierung durch. Man muß also auch während der Vernetzung Zugriff auf CAD-Funktionalität haben, und dafür ist ein integriertes CAD/FEM-System eine zwingende Voraussetzung.

Ein weiterer Vorteil eines integrierten Systems ist die Tatsache, daß für beide Tätigkeiten die gleiche Benutzeroberfläche, die gleiche Kommandosyntax usw. gilt. Damit ist es möglich, daß die Konstrukteure selbst die Berechnungen durchführen. Sie sind nicht mehr länger gezwungen, ihre Zeichnungen an eine spezielle Berechnungsgruppe zu übergeben, um dann längere Zeit auf die Ergebnisse warten zu müssen. Wenn die Berechnungen direkt in der Konstruktion gemacht werden, stehen die Ergebnisse schneller zur Verfügung und können rascher in Konstruktionsänderungen einfließen.

Natürlich ist diese Arbeitsweise nicht für alle Berechnungsprobleme anwendbar, aber der Löwenanteil der Berechnungsaufgaben ist lineare Statik, die von Konstrukteuren selbst durchgeführt werden kann.

Wichtig ist aber nicht nur die rationelle FEM-Modellerstellung, sondern auch die übersichtliche Darstellung der Berechnungsergebnisse. Stand der Technik ist hier die Darstellung der verformten Struktur als Animation auf dem Bildschirm und natürlich die farbschattierte Darstellung der Spannungsverteilung. Diese Art der Ergebnispräsentation ist so übersichtlich, daß man sofort erkennen kann, wo sich eine möglicherweise kritische Beanspruchung befindet.

Eine weitere für die Automobiltechnik sehr wichtige Art der Berechnung ist die kinematische und dynamische Analyse. Viele Probleme im Automobilbau lassen sich hiermit lösen - angefangen von der Kinematik eines Scheibenwischers über die Einfahrbewegung eines Cabriodaches bis zu den extrem komplexen Problemen im Fahrwerksbereich. Die Vorgehensweise ist hier ähnlich wie bei der FEM-Berechnung:
Die vorhandenen CAD-Daten werden zu rechnerischen Starrkörpern verknüpft; diese einzelnen Starrkörper werden an ihren Verbindungspunkten mit Gelenken verbunden.

Es liegt nahe, daß die Definition eines solchen kinematischen Modells mit einem 3D-CAD-System sehr einfach und übersichtlich durchgeführt werden kann. Das Modell kann anschließend noch mit Massen, Dämpfern und Federn komplettiert werden.

Mit solchen Modellen und den entsprechenden Analyseprogrammen lassen sich selbst komplexe Raumlenkeranordnungen berechnen, und man hat die Möglichkeit, Variationen der Geometrie oder anderer Parameter rasch zu untersuchen.

Die Einbindung von solchen Kinematik-Analyse Modulen in CAD gestattet auch eine rationelle Auswertung der Ergebnisse. Die einzelnen berechneten Positionen können wie in einem Film betrachtet werden. Kollisionsbetrachtungen können sehr einfach durchgeführt werden, denn die gesamte Umgebungsgeometrie ist ja im CAD-System abgelegt. So kann man genau untersuchen, ob die Kombination von Breitreifen, Schneeketten, vollem Lenkeinschlag und Radeinfederung nicht zu einer Berührung mit dem Radkasten führt. Oder man kann sich rasch ein Bild davon verschaffen, welchen Anteil der Frontscheibe der Scheibenwischer klar wischt.

Abschließend kann man zu allen diesen Berechnungsverfahren sagen: Je früher im Entwurfs- und Konstruktionsprozeß Probleme und Fehler gefunden werden, desto kostengünstiger ist ihre Korrektur. Die Beseitigung eines Fehlers während der Entwurfsphase kostet vielleicht 1000 DM, während der Konstruktion 10.000 DM, und wenn erst einmal die Produktion angelaufen ist, dann kann das schon in die Millionen gehen. Es lohnt sich also, schon möglichst frühzeitig auf die Möglichkeiten des integrierten CAE/CAD-Systems zurückzugreifen.

Fertigung

Alle bisher durchgeführten Schritte Design, Konstruktion und Berechnung finden ihren Abschluß in der Fertigung. Hier kommen die Vorteile eines integrierten CAD/CAM-Systems voll zum Tragen.

Aus der Vielzahl der unterschiedlichen Fertigungsverfahren, die heute im Automobilbau angewandt werden, möchte ich mir exemplarisch die Fertigung von Blechteilen der Karosserie herausgreifen. Diese Blechteile werden in mehrstufigen Tiefziehpressen hergestellt. Dazu sind entsprechende Tiefziehwerkzeuge erforderlich, die genaue Abbilder der zu fertigen Blechteile sein müssen, damit die Fertigteile maßhaltig und genau zusammenpassen.

Diese Tiefziehwerkzeuge wurden früher durch Kopierfräsen von einem physikalischen Modell hergestellt; heute verwendet man das vorhandene CAD-Modell. Auf die Flächen des CAD-Modells werden vom Rechner Werkzeugbahnen gelegt, mit diesen Werkzeugwegen werden numerisch gesteuerte Werkzeugmaschinen gesteuert. Diese Werkzeugmaschinen sind entweder 3-Achsen-Maschinen, d. h. der Fräser kann sich in Längsrichtung, in Querrichtung oder in vertikaler Richtung bewegen und kann damit nahezu jede beliebige Werkzeugform herstellen. Vor allem bei großflächigen Karosserieteilen wird auch das 5-Achsen-Fräsen eingesetzt. Hierbei kann zusätzlich zu den drei Bewegungsrichtungen die Orientierung des Fräswerkzeuges variiert werden. Man kann damit beispielsweise erreichen, daß der Fräser immer genau senkrecht zu der zu bearbeitenden Fläche orientiert ist. Das Resultat sind besonders glatte Oberflächen mit geringer Rauhtiefe, die nur wenig nachbearbeitet werden müssen.

Der Vorteil eines integrierten CAD/CAM-Systems auch hier:
- Direkte Datenübernahme aus der Konstruktion ohne Verluste durch Schnittstellen,
- Gleiche Benutzeroberfläche wie für die Konstruktion,
- Eventuell notwendige Ergänzungen der Geometrie können leicht mit dem CAD-System hinzugefügt werden.

Mit der Produktion der Werkzeuge ist die Aufgabe natürlich noch nicht ganz erledigt. Bei den zunehmenden Ansprüchen an die Produktqualität spielt die Qualitätssicherung eine bedeutende Rolle. Speziell bei so komplexen Teilen wie Tiefziehwerkzeugen werden hierfür heute Koordinatenmeßgeräte eingesetzt. Die Programmierung dieser Maschinen erfolgte bisher im sogenannten Teach Mode, d. h. das zu messende Teil wird auf die Meßplatte gelegt, und nun werden über eine manuelle Steuerung die einzelnen Punkte angefahren, die gemessen werden sollen. Die Programmierung von komplexen Freiformflächenbauteilen ist sehr aufwendig, und dies kann dazu führen, daß die teure Koordinatenmeßmaschine überwiegend nicht produktiv arbeitet, sondern durch Programmiertätigkeit blockiert ist.

Als Lösung bietet sich auch hier die Verwendung der CAD-Daten an. Wenn das rechnerinterne CAD-Modell erstellt ist, kann die Programmierung der Koordinatenmeßmaschine am Bildschirm durchgeführt werden. Die Fehlerfreiheit des Meßprogramms kann man am Bildschirm graphisch überprüfen. So hat man, wenn das erste gefertigte Blechteil die Tiefziehpresse verläßt, ein fertiges Meßprogramm, und die Koordinatenmeßmaschine ist nicht durch Programmiertätigkeiten blockiert.

Auch die Programmierung von Robotern, beispielsweise für die Montage, geschieht heute am CAD-Schirm. Die vorhandenen Modelldaten fließen in die Programmierung mit ein. Damit lassen sich selbst so komplizierte Aufgaben wie das Aufbringen von Klebstoffen entlang von Fensterdichtungen oder das Lackieren von Flächen schon zu einem Zeitpunkt programmieren, wo noch kein physikalisches Fenster oder zu lackierendes Blechteil existiert.

Dies war ein kurzer Einblick in die Möglichkeiten und Anwendungen eines integrierten CAE/CAD/CAM-Systems im Bereich Styling, Konstruktion, Berechnung und Fertigung im Automobilbau.
In vielen dieser Bereiche gibt es sehr produktive, sehr fortgeschrittene Lösungen. Aber alle diese Einzelmaßnahmen bleiben letztlich doch unproduktive Einzellösungen, verglichen mit einem integrierten Gesamtkonzept, bei dem der bedeutende Produktivitätsgewinn darin besteht, daß die Daten durchgängig während des gesamten Prozesses vom Styling bis zur Fertigung verwendet werden. Diese integrierten Lösungen beginnen, sich mehr und mehr durchzusetzen. Die Entwicklung der nächsten Jahre wird auf diesem Gebiet noch viel Neues bringen.

STYLING UND DESIGN IM WANDEL DES UMFELDS

S. Iwakura; Honda

Honda's design process and philosophy

Honda introduced automobiles to the people of Europe in 1967 with the S 800 sports car. Honda products have been well supported since that time. I am glad to say that with the first generation "Civic", we are highly regarded for our vehicle manufacturing concept and design. We are delighted that over the years, Honda has gained a reputation for it‘s creative originality and design appeal.

In 1963 Honda started as one of the younger automobile manufacturers based on our past experience with motorcycle manufacture. We introduced a small-sized sportscar and truck, both with extremely small 360cc engines belonging to a special tax category in Japan at that time.

I would like to note that Honda has offered two extremely different vehicles, with reasonable prices, both at the same time. One is the sportscar which is the symbol of a dream, and the other is the truck that is a practical vehicle for daily life. This can be said to be the basis for Honda‘s manufactoring concept for later vehicles.

During the Japanese innovation in motorization, our earnest desire was to materialize two extremes into one vehicle unit - the dream and practicality - , to have them accepted throughout the world. The "first generation Civic" was created with this basic concept in mind.

Then the Accord enhanced the status and elegance of Honda vehicles. I think that the foundation of Honda passenger car manufacturing was established around this period. During the energy crisis of the 1980‘s what was required in vehicles naturally was fuel efficient technology.

We have pursued and created the MM concept which stands for "Man maximum and Mechanism minimum." Namely the concept is to reduce the weight and percentage of the mechanical area and at the same time to increase the performance. In other words, within the same weight and size, the passengers can enjoy driving more comfortably and camly. The vehicle developed from this concept was the "Jazz" which featured short overall length, but with a large interior space. (And the "Prelude" with a low bonnet line, low overall height and new styling.)

In the four body variations of the third generation "Civic" series, the concept was expanded to several variations to match the characteristics and taste of individual customers. Centred on the "Accord" our present vehicle line-up ranges from a small vehicle to a large vehicle of which Honda developed for the first time. We continue to pursue this development today.

Our thought on integrating two opposing desires into a product reqires overcoming contradictions. This has been the history behind Honda's automobile manufactoring. From this point of view, our wish is to manufacture under new conditions, vehicles with the concept of what we call "interfusion", - the interaction between vehicle and people.

The terms dream and practicality, as I mentioned earlier, are two opposing worlds within a vehicle. One is the world of the machine and the other, the world of the human being.

In the world of the machine, there are such qualities as higher efficiency, higher capacity, or in other words, new materials, electronics, artificial intelligence, and information systems. Whereas, in the other world, there is "fun to drive", "comfort", "easy to operate", "attractiveness", "individuality", and "affluence".

The world of the machine would progress independently if we failed to pay close attention to it. What is done with our intention of good will, could at times, turn people's minds against us. We consider, in order to integrate these two opposing worlds, it is important to approach from three directions, namely user friendly, adaptation of environment, and emotional appeal through attractive style. And in this way, we try to connect the opposing factors of progress of the mechanical technology, and the damanding nature of the public.

It is a difficult challenge of coordinating opposing factors, but I think that this is the role of designers in the future. For example, we consider that human design is to interfuse such opposing elements as customer and production, desire and function, machinery and nature with a custom-made consciousness, ergonomics, emotional engineering, and technology to bring machinery closer to the living body. To put it in another way, human oriented design is to be "faithful to human nature." Then the question arises, "What is human nature?"

We consider it is to satisfy "dream" and "desire" and "self-esteem". If I were to relate these qualities to a vehicle, "dream" is to aquire a comfortable drive, "desire" is to obtain a good quality vehicle at a reasonable price, and "self-esteem" is to have something new and a symbol of status to the people.

To take concrete examples of the research we are conducting, first from a technical approach, there is a concept or "active control". This is to actively simplify what people have to do in driving a vehicle. In other words, what has been "inputted" by man should be able to be "outputted" in the way man wishes.

With the brakes for example, a computer senses the pressure applied to the brake pedal and by analysing the conditions on the road surface, it controls the caliper movement and applies the optimum braking performance to stop the vehicle.

For the steering the computer monitors steering angle, degree of turning, curve angle, and road conditions which steers the vehicle to the optimum without causing it to spin.

Our vehicles have been designed to give a wide field of visibility, or what we call "Super visibility". However, the rear visibility has to be an indirect visibility through mirrors. Therefore, we are studying ways to improve safety, by a "Feeling sensor", which leads more directly to the five human senses. Thus, we are conducting research for the realization of this dreams.

The four wheel steering that became a popular topic in Europe last year, is a concrete example of human orientation being implemented. From a design point of view, it is important to express something new with a touch of human feeling. In order to do that, I think that it is necessary to integrate the following three points and materialize them on a car to a high level.

- high-sense modeling technology,
- new technology, new materials, and new manufacturing techniques to materialize dreams among customers and needs of the times,
- individualistic concepts expressing a positive corporate policy

I also believe that attributes, deep-rooted within us - like romanticism and enthusiasm should be introduced through our designers to create a product with taste and attractiveness. I believe that through this we can create a product which is unique and individualistic.

As this is our company policy, we hope that this will always be true in relation to our cars. But only through our serious efforts can we create what we imagine. We always go back to the original concept of what the car should be, and then start to assemble hardware to fit with the concept.

In order to realize such wishes as "dreams", "desire", and "self-esteem", the vehicle is created not only by the trend concept that I have mentioned, but down through to earth processes. For example, at the stage of concept creation, development staff, including designers, engineers and test drivers, get together to brainstorm. They also visit dealers and users to hear opinions from clients and confirm the market directly. When we receive severe citicism, we try to check it out with our own eyes.

In the creation of the package, engineers and designers work together in front of a trial version seeking a framework of "difference". Honda‘s design process is a difficult one. Designers compete and cooperate with collegues from around the world, sometimes shedding tears. In model creation, they submit the design to a number of people for scrutiny, and gradually gain confidence in their own design. I think it is important for designers to have self confidence.

What makes this possible is the spiritual climate cultivated by Honda over a long period. This includes a fighting spirit (racing spirit) through auto racing, selection of young staff, and to create a challenge through what I call "ladder removal". The term "ladder removal" is used where a person climbs to the roof with the ladder, but once on the roof the ladder is removed. A person has to think of an alternative way to get back safely. In other words, confront a person with a challenge, learning new solutions to a problem independently.

I believe that genuine "newness", where we put the most emphasis on the styling process is created by every member being engaged in developement. To become a stylist, they have to overcome various obstacles. Taking into consideration what I mentioned above, I believe that style is the face of a corporation. In other words to project a healthy cooperate face, we need the support and coordination of our healthy body. Namely total performance and support throughtout the corporation must be prominent.

But to have a healthy body, a sound and healthy mind, combined with a good heart is necessary. Therefore, a superior corporate philosophy relates directly with our mind and heart which produces the style we require.

"Our hearts express the style." This is my philosophy.

This is why we place a high value on "the style" throughout the company. By placing emphasis on the concept of vehicle styling and development, I hope we will continue to create vehicles that will receive public popularity.

Finally I would like to mention that nearly four years have passed since the founding of our research centre in Europe, in Offenbach, West-Germany. We also opened an additional Design studio in Milano, Italy to assist our design work.

We look forward to an exchange in experience, fairness and cooperation, and for a dialogue with our European collegues and the European public.

Dr. K. Pasemann, H. Peter; Volkswagen AG

CAD-Anwendung bei VW

Ein System ist immer nur so gut, wie die Anwendungen, die letztlich sich in entsprechenden Produkten niederschlagen. Genau von dieser Philosophie ausgehend, möchte ich Ihnen die Entwicklung von CASS, einer CAD-Anwendung im Design bei Volkswagen und Audi gleichermaßen, vorstellen.

Vorarbeiten

Sie sehen bereits an den beiden Autoren, daß genau im Sinne der Systemanalyse hier auf der einen Seite die Systementwickler stehen und auf der anderen die Anwender. Es ist so, daß uns natürlich bei diesem System verschiedene Externe geholfen haben: Da ist zunächst das Institut von Professor Appel zu nennen, es ist weiter die Firma Control-Data zu nennen und Herr Professor Böhm, der uns in Braunschweig an einigen kritischen Stellen in der Flächenmathematik geholfen hat. Was wir vorstellen ist die Systemanalyse, zunächst die Systemaspekte, den Arbeitsablauf, in den die Anwendung eingebettet ist, die Grundanforderungen und die Realisierung, bevor dann im zweiten Teil Herr Peter die Anwendung selbst darstellt. Bild 1. zeigt Ihnen, wie CASS in den Arbeitsablauf eingebunden ist, wie die Anwendungsmethode, die wir in dem Rahmen entwickelt haben sich einpaßt (Bild 1.).

Zunächstmal beginnt es ja immer mit einem Pflichtenheft und mit einem daraus abgeleiteten Vorgabeplan, das heißt mit den Grundabmessungen.

Anforderungen an das System

Grundabmessungen eines Modells müssen nach unserer Meinung von einem Design-System verarbeitet und dem Designer präsent gemacht werden können. Der Außenhautentwurf, auf den sich CASS momentan konzentriert, ist zur Zeit der wesentliche Schritt, über den wir heute hier sprechen. Anschließend müssen diese Daten weiter verarbeitet werden, nicht nur wie im linken Teil von Bild 1. dargestellt in der NC-Welt, sondern auch in weiteren CAD-Systemen weiter bearbeitet werden können. Das sehen Sie in dem rechten Feld. Bild 2. zeigt die prinzipiellen Anforderungen an die CASS-Entwicklung.

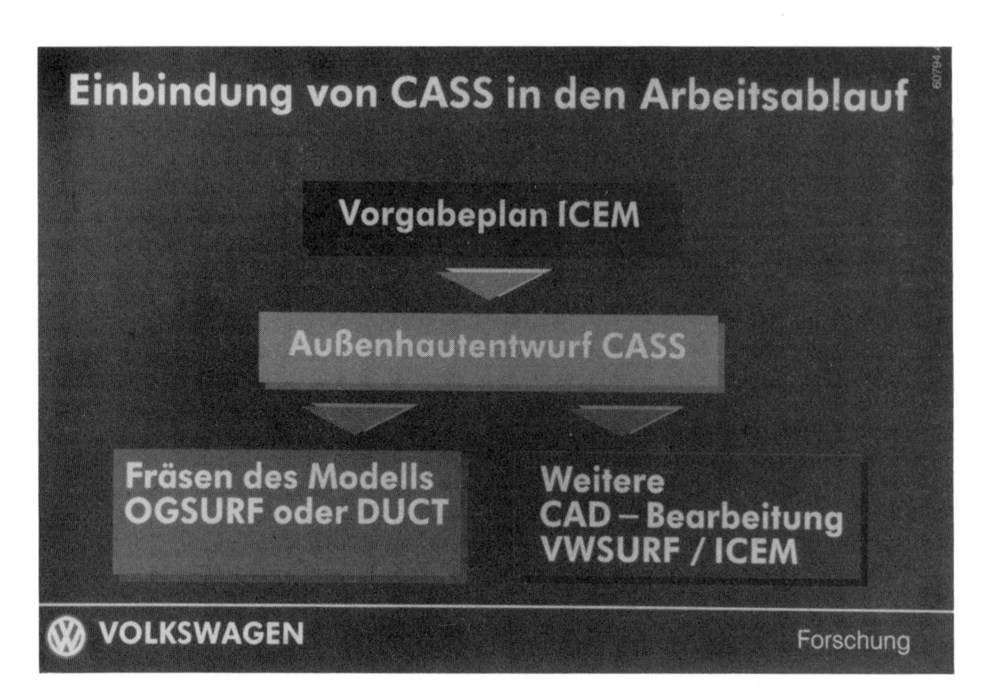

Bild 1. Einbindung des Systems CASS in den Arbeitsablauf bei VW

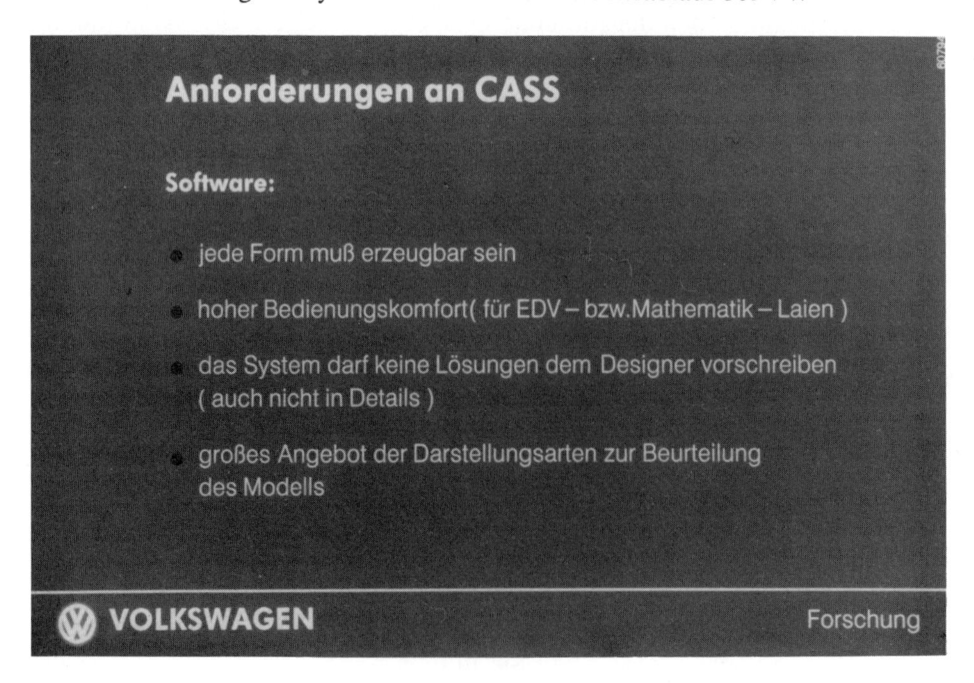

Bild 2. Anforderungen an das System CASS

Die Grundform muß natürlich in jede Form erzeugbar und einem hinreichend guten Bedienungskomfort machbar sein. Das Ziel ist immer gewesen, daß der Designer selbst am Schirm ein Auto entwickeln kann und zwar von Grund auf ohne jede physische Modellierung im Vorfeld. Insbesondere darf das System dem Designer keine Lösung vorschreiben, er muß mit dem System frei arbeiten können. Das System muß weiterhin dem Designer möglichst früh das darstellen, was er bisher nur am Modell erkennen konnte. Das sind die prinzipiellen Anforderungen unter denen wir gemeinsam CASS entwickelt haben.

Struktur des Systems

Bild 3. ist mehr für Rechnerleutebestimmt und zeigt die Einbindung von CASS in die CAD-Systemwelt bei VW.

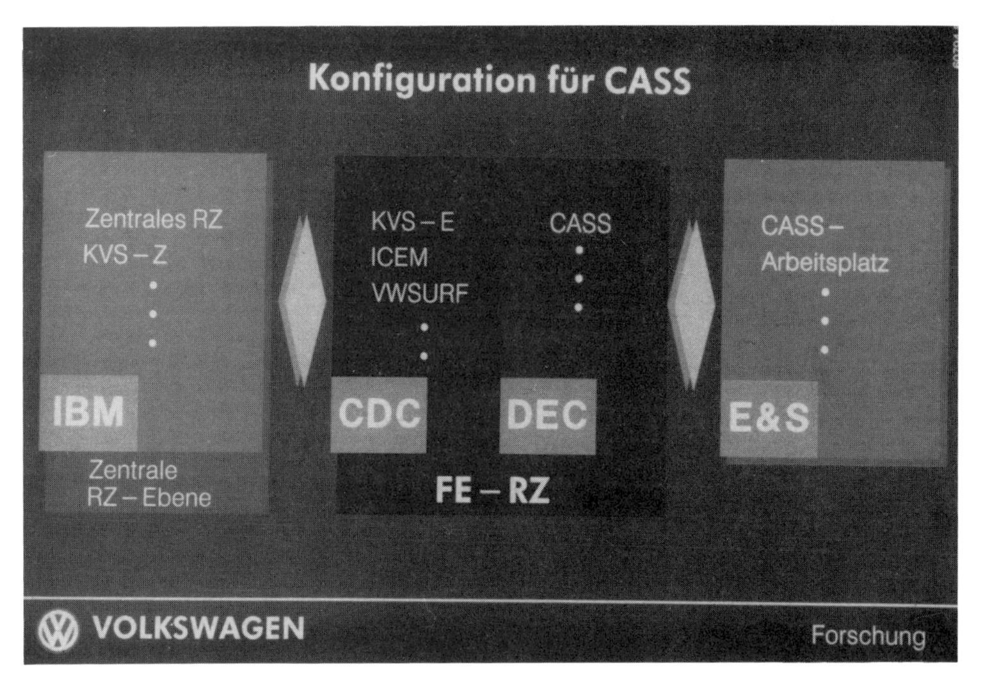

Bild 3. Konfiguration und Einbindung des Systems CASS bei VW

Wir verwenden zur Zeit einen Arbeitsplatz der Firma Evans & Sutherland, weil zum Auswahlzeitpunkt dort die beste Darstellungsmöglichkeit für den Designer gegeben war. CASS selbst läuft zur Zeit auf DEC-Anlagen unseres Rechenzentrums der Forschung und Entwicklung. In den benachbarten Rechnern erkennen Sie die Systeme ICEM,VW-SURF und unsere Konstruktiondatenverwaltung. Alles ist gekoppelt mit dem zentralen Rechenzentrum, auf dem sich die freigegebenen Daten in Zukunft bewegen sollen.

Funktionen des Systems

Bild 4. zeigt die Funktionen, die wir in CASS implementiert haben.

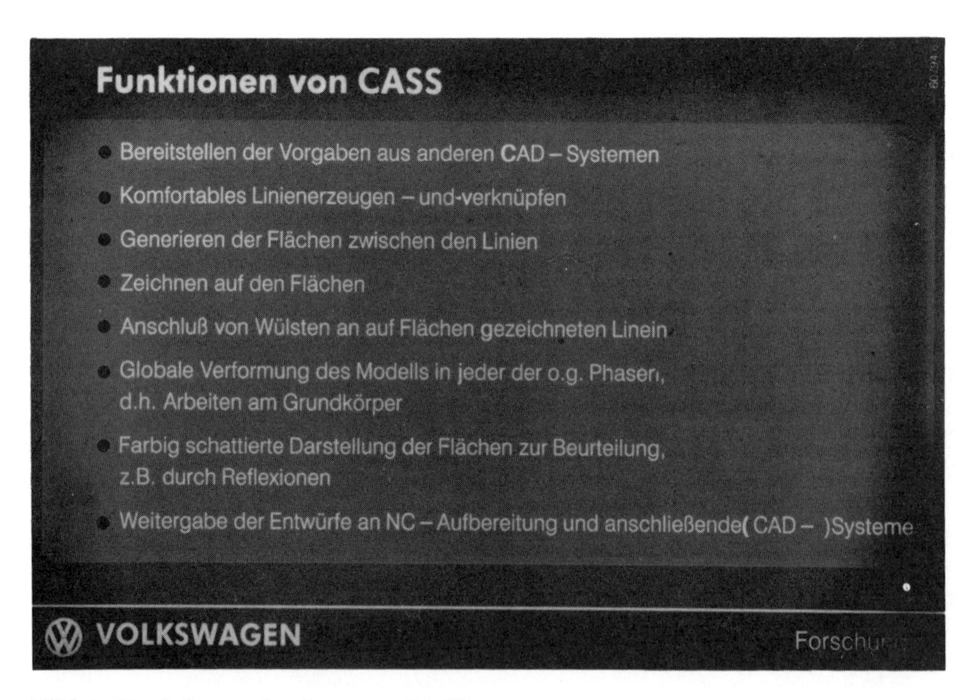

Bild 4. Funktionen des Systems CASS

Hier als Erläuterung einige Beispiele. Es beginnt mit dem Bereitstellen von Vorgaben aus anderen Systemen. Der nächste Punkt ist das komfortable Erzeugen von Linien am Schirm, sowie das Generieren von Flächen zwischen den Linien. Bei den Linien ist es entscheidend, daß sie logisch verknüpft sind, logisch geometrisch, so daß ein vollständiges Modell besteht. In anderen CAD-Systemen ist dies normalerweise nicht gegeben. Zwischen diesen verknüpften Linien können dann die Flächen aufgebaut werden, als weitere wesentliche Funktion (Bild 5.).

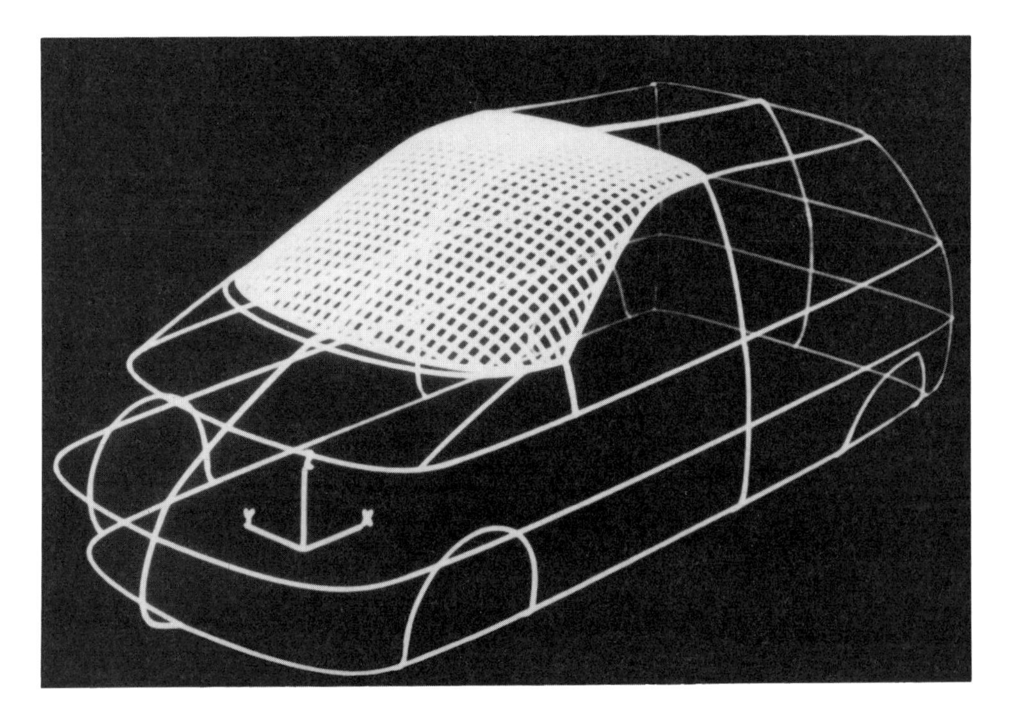

Bild 5. Flächenaufbau mit CASS

Diese Flächen können farbig schattiert dargestellt werden. Die nächste Funktion ist das Zeichnen auf den Fächen. Sie kann in beliebigen Perspektiven, wie der Designer es möchte (Bild 6.) und unabhängig von bestimmten Patch-Strukturen, die darunter liegen, verwendet werden.

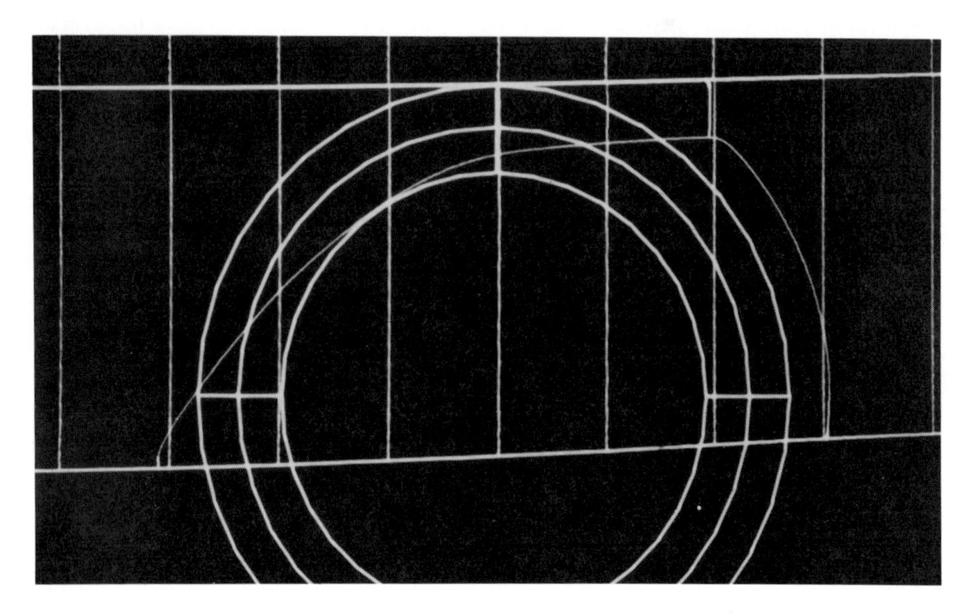

Bild 6. Auf der Fläche gezeichneter Radausschnitt

Gleichzeitig bleibt die Fläche logisch intakt, sodaß sie insgesamt verformt werden kann. Das nächste Beispiel ist der Anschluß von Wülsten an diese Linien, die auf die Fläche gezeichnet sind (Bild 7.).

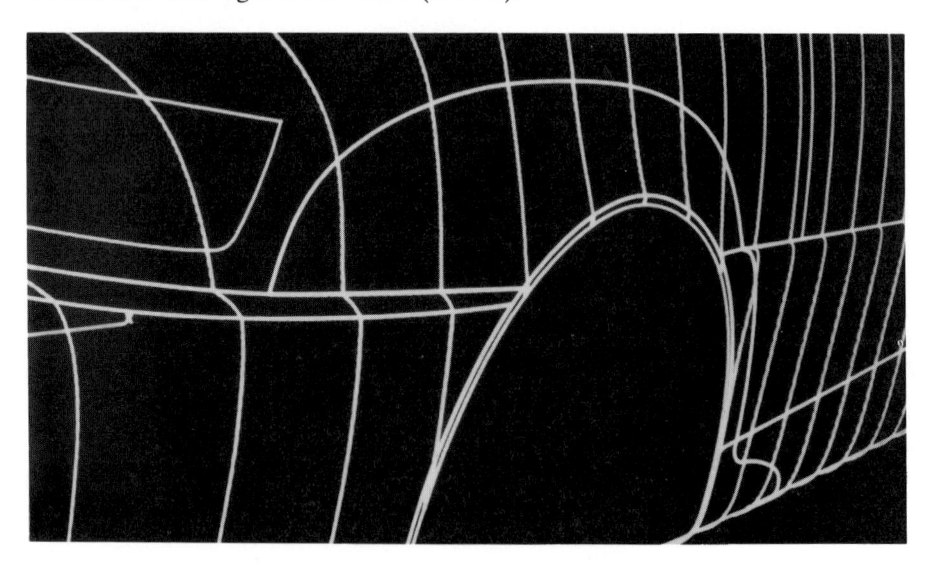

Bild 7. Radausschnitt mit aufgesetztem Radwulst

Das Beispiel befindet sich am Radausschnitt, das heißt man kann jetzt nicht nur Konturen aufbringen, sondern an diesen Konturen bestimmte Flächen anbinden, glatt oder vielleicht auch mit einer Kante. Die nächsten Punkte werden Sie in einem Film sehr viel genauer sehen können. Es handelt sich um die globale Verformung des Modells und zwar in jeder der oben genannten Phasen. Dies ist der entscheidende Punkt, der sich aus der Systemanalyse ergeben hat. Zum Schluß wird eine farbig schattierte Darstellung erzeugt, deren entscheidender Vorteil es ist, relativ früh im Designprozeß beurteilen zu können, wie das Auto zum Schluß aussieht (Bild 10.).

Eine der wesentlichen Erkenntnisse aus der praktischen Arbeit mit CASS ist, daß die Reflexionen relativ früh beurteilt werden können. Es ist selbstverständlich, daß Ergebnisse aus CASS mit anderen CAD- und NC-Systemen weiter verarbeitet werden können, sodaß das, was mit CASS erarbeitet wurde, mit anderen Systemen und auch NC-mäßig weiter verarbeitet werden kann, so daß man relativ schnell zu einem Modell kommt.

Vergleich mit herkömmlichen Arbeitsweisen

Aus Sicht des Anwenders soll ergänzend in Kurzfassung ein Überblick über herkömmliche Arbeitsmethoden gegeben werden, um einen Übergang zum Einsatz des CAD-Systems CASS zu finden.

Der Anfang jeder Entwurfsarbeit ist das Erstellen von Skizzen. Hier definiert der Designer seine Idee mit Stift und Farbe, und dies wird auch bei Einsatz des Systems CASS so bleiben. Grundüberlegungen müssen vorher gemacht werden. Diese Skizzen werden dann umgesetzt in orthogonale 1:1 Ansichten. An diesen Ansichten können erste technische Untersuchungen vorgenommen werden. Auch die Überprüfungen der Proportionen finden an diesen 1:1 Darstellungen statt. Mit Hilfe von Farbe können auch Reflexionen auf den Flächen dargestellt werden und die Verformung der Flächen insgesamt simuliert werden. Von diesen Modellen nimmt man dann Schablonen ab, die in ein Plastilin-Modell eingearbeitet werden. Danach werden die Flächen modelliert. Dies geschieht in enger Zusammenarbeit zwischen Designer und Modelleuren. Es folgen in dieser Phase auch erst Windkanaluntersuchungen. Hier werden aerodynamische Überprüfungen vorgenommen, wobei direkt im Windkanal modelliert, und das Modell optimiert wird.

Dann folgt eine weitere Modelloptimierungsphase. Es werden die Plastilinflächen mit Folie überzogen, um den Verlauf von Licht, Schatten und Reflexionen beurteilen zu können. Nach Abschluß der Modellarbeiten lackiert man das Plastelinmodell, wonach eine erste Präsentation erfolgt. Erst ab diesem Zeitpunkt ist es allerdings möglich, exakt die Außenhaut zu erfassen. Dieses geschieht in Form der Abtastung der Oberflächen des Modells.

Modellierung mit CASS

Ich möchte Ihnen nun an diesem Punkt die Vorgehensweise mit Hilfe des Systems CASS präsentieren. Ausgehend von dem Vorgabeplan (Bild 8.) werden mit einem Stift auf einem elektronischen Tablett direkt Linien gezeichnet.

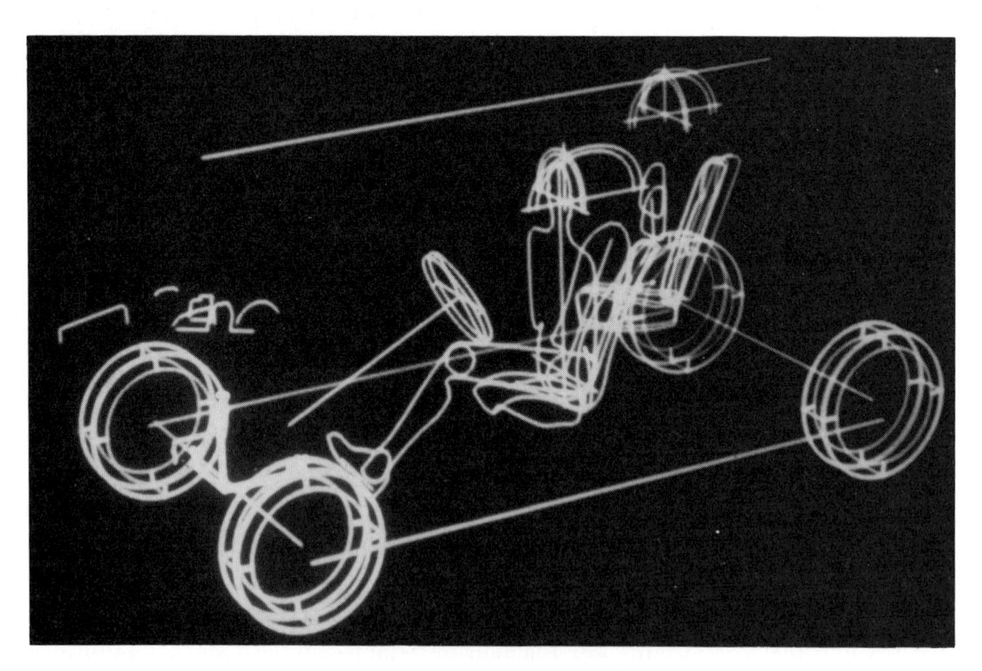

Bild 8. Rechnergestützter Vorgabeplan (Package-Plan)

Knicke können definiert werden, anschließend wird die Linie einem automatischen Glättungsprozeß unterworfen, der gezielt durch das Setzen von Stützstellen beeinflußt werden kann. Es gibt natürlich auch noch 2 D Linien.

Um eine 3 D Linie zu zeichnen, muß in einer Doppelansicht gezeichnet werden. Hier wird zunächst der Grundriß gezeichnet und die Grundrißlinie in den Aufriß übertragen. Es ist beim Zeichnen nicht notwendig besondere Exaktheit walten zu lassen, denn die Linie wird anschließend geglättet und kann jederzeit frei im Raum verändert werden. Somit entsteht mit wenigen Linien bereits ein räumlicher Eindruck des Entwurfes, der dann auch in Perspektive betrachtet werden kann.

Sämtliche nach dem Zeichnen der Linien folgenden Funktionen können in direkter Perspektive vollzogen werden (Bild 9.).

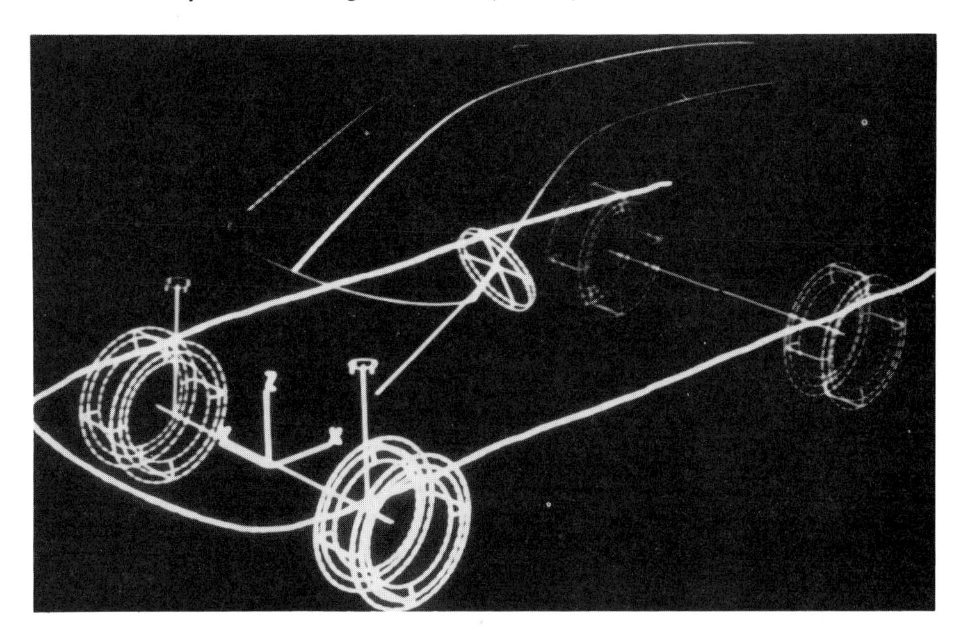

Bild 9. Perspektivische Ansicht des Fahrzeug-Grundkörpers

Allein das Zeichnen der Linien muß in ortogonalen Ansichten erfolgen. Eine weitere Möglichkeit Linien zu erzeugen ist das Verschieben von Linien im Raum. Diese Linie können dann auch gedehnt bzw. gestaucht werden, oder frei im Raum gedreht werden. Eine weitere Basisfunktion des Systems CASS ist das Ändern von Linien. Hierzu wird das mathematische Kontrollnetz, das jeder Linie zugehörig ist, eingeblendet und durch Verschieben eines Polygonpunktes der Raumkoordinaten kann direkt die Änderung der Linie erfolgen.

Es kann ein oder auch mehrere Punkte gleichzeitig verschoben werden. Dies kann auch direkt in Perspektive erfolgen. Durch Wahl eines Änderungsschwerpunktes wird die Änderung der Linie im Raum vollzogen. Es entsteht ein komplettes Linienmodell, das die prinzipielle Formbeschreibung des Entwurfs beinhaltet. Danach beginnt man durch Auswahl bestimmter Linien Flächen zu generieren. In Bild 5. zum Beispiel, die Windschutzscheibe und im Anschluß daran wird Windlauf und Motorraum-Haube erzeugt. Man kann die Generierung dieser Flächen auch direkt beeinflußen indem man eine Randlinie besonders gewichtet. Flächen können durch eine andere Gewichtung des Flächenrandes verschieden ausgeformt werden. So entsteht aus einem Linienmodell eine komplette Beschreibung des Modellgrundkörpers. Weitere Detaillierungen können danach vorgenommen werden.

Das Erzeugen eines Radausschnittes geschieht durch Projektion einer Linie auf die Fläche und das anschließende Entfernen des wegzuschneidenden Flächenteils (Bild 6. u. 7.). Von diesen Flächenmodellen können auch Farbbilder erzeugt werden. Hierzu werden Lichtquellen frei im Raum plaziert, die den Modellkörper ausleuchten. Das Ergebnis ist eine physikalisch exakte Darstellung der eingestellten Werte. Nun werden weitere Detaillierungen an diesem Modell vorgenommen. In dieser Phase können Proportionsverschiebungen erreicht werden indem größere Flächenabschnitte im Raum verschoben werden. Neben dem Verschieben können diese Flächen auch gedehnt oder gestaucht werden, sodaß ein anderer Eindruck der Proportionen des Grundkörpers entsteht.

Flächen können auch direkt im Detail verändert werden, indem wieder das mathematische Polygonnetz eingeblendet wird und durch Verschieben von Polygonpunkten die Fläche direkt ausgeformt werden kann. Es ist auch möglich eine Fläche, die zunächst noch recht grob erscheint, durch die Funktion "Bombieren" auszuformen. Entlang einer neu gezeichneten Linie wird der Einflußbereich auf die Basisfläche eingeschränkt und durch Setzen von Begrenzungen die Fläche entlang der Linien neu generiert. Das Erzeugen von Überlagerungsflächen geschieht durch Auswahl von Flächenrändern, wobei eine Linie direkt aus der Fläche gezeichnet wurde. Diese Überlagerungsfläche wird generiert, der auszuschneidende Flächenteil ausgeblendet, bleibt aber im Datenbestand erhalten. Danach anschließend werden Detailflächen erzeugt und angepaßt. So entsteht eine komplette Flächenbeschreibung des Entwurfes mit allen Detaillierungen. Mit der Funktion " Auf der Fläche zeichnen" werden Scheibenausschnitte erzeugt, wobei jederzeit man das 100 mm Rasternetz zur Kontrolle einblendet werden kann. Die wegzuschneidende Scheibenfläche wird ausgeblendet, kann aber weiter separat behandelt werden.

Der bisherige Entwurfsprozeß zeigt, daß es mit Hilfe von CASS möglich ist, eine komplette Flächenbeschreibung des Modells zu erzeugen. Bei fertigen Entwürfen sind alle Details, wie Lufteintritt, Scheinwerfer, Rückleuchten und Scheibenausschnitte eingearbeitet.

Erweiterte Grundkörper sind bereits mit Radwülsten, Lufteintrittsöffnungen und Scheinwerferausschnitten ausgestattet.

Es können direkt am Bildschirm Detailvergrößerungen erzeugt werden, sodaß auch die Flächenbeurteilung im Detail möglich ist.
Es können jedem Objekt wie Scheiben, Scheinwerfern usw. einzelne Farben zugeordnet werden. Auch transparente Scheiben sind möglich und auch den Rückleuchten wird die ihnen zugehörige Farbe zugeordnet. Durch unterschiedliche Perspektivdarstellungen hat der Designer die Möglichkeit, das bisher erreichte Ergebnis formal zu beurteilen. Unterschiedliche Farben bei der Modelldarstellung oder unterschiedliche Hintergrunddarstellungen ergeben eine sehr gute Beurteilungsmöglichkeit. Auch zusätzliche Elemente, wie Firmenlogo, Kennzeichen, verschiedene Radgrößen, die aus dem ganzen Fundus vorgegebener Radgrößen ausgewählt und mit in das Modell eingearbeitet werden können.
Der nächste Schritt, nachdem der Entwurf eigentlich vollbracht ist und die Entscheidung getroffen werden kann, ob er weiter verfolgt wird, ist das Erstellen eines Fräsmodells. Das eigentliche Ziel ist das Erstellen von 1:1 Fräsmodellen.

Das dargestellte Modell wurde noch in Segmenten gefräst und hinterher fugenlos zusammengesetzt.

Inzwischen verfügt VW allerdings über eine entsprechend dimensionierte Fräsmaschine, die das Fräsen solcher Modelle aus einem Block ermöglicht. Es ist durchaus möglich, unterschiedliche Fräsmaterialien zu wählen. Das Fräsen in Hartschaum hat den Nachteil, daß das Material sehr empfindlich ist und leicht Druckstellen entstehen können, die es erfordern, daß die Form wieder nachgearbeitet werden muß. Die Fräsqualität ist so gut, daß direkt lackiert werden kann. Das Modell kann einer ersten Präsentation zugeführt werden.

Bild 10.
Gefrästes Modell

Zukunftsanforderungen

Unsere Wünsche als Designer gehen allerdings noch etwas weiter. Ziel ist eigentlich, auf eine Großprojektion zu gehen. Wir sind allerdings inzwischen so weit, daß wir in Kürze eine Großprojektion in den Arbeitsräumen installieren werden, die es dann auch ermöglicht, 1:1 Darstellungen in Realgröße vor sich zu haben. Das ist bei Bearbeitungen von Gesamtproportionen eigentlich unumgänglich. Sie wird zwar noch nicht das Gesamtmodell darstellen können, aber eine Diagonale von 2,50 m erreichen. In Zukunft werden da sicherlich noch weitere Fortschritte zu erzielen sein.

Prof. Dr.-Ing. H. Appel, A. Hänschke, R. Külpmann;
Technische Universität Berlin

Rechnergestützter Entwurf funktioneller Formen - Neue Ausbildungswege im Ingenieurstudium

Einleitung

Die Ausbildung und der Kenntnisstand der Studienabgänger von Hochschulen entspricht häufig nicht den Anforderungen der Arbeitgeber der zukünftigen Absolventen. Diese Diskrepanz zwischen Ausbildungskenntnisstand und den Anforderungen sind besonders bei der Automobilindustrie augenscheinlich. Anstrengungen zur Anpassung der Ausbildungsschwerpunkte an Forderungen des Arbeitsmarktes am Fachbereich Verkehrswesen der Technischen Universität Berlin werden vorgestellt. Ein Forschungsvorhaben auf dem Gebiet des durchgängigen, rechnergestützten Fahrzeugentwurfs, das ebenso als Ausbildungshilfe eingesetzt werden kann, wird anhand einiger Ergebnisse vorgestellt.

Stichwortartiger Auflist der bestehenden Ausbildungssituation an Technischen Universitäten

- Abgrenzung der Studiengänge infolge der Unterteilung der Universitäten in viele Fachbereiche;
- Zunehmende Vertiefung des Kenntnisstands in einzelnen Fachdisziplinen und damit verbunden eine zunehmende Spezialisierung der Auszubildenden;
- Beschränkung des Studiums unter der Prämisse der Verkürzung der Studienzeit und -umfang auf eine -hoffentlich- sinnvolle Zusammenstellung von Einzelblöcken unter Schwerpunktbildung.

Derzeitige Struktur der Technischen Universitäten am Beispiel der TU Berlin

Die Technischen Universitäten sind innerhalb der drei Wissenschaftsbereiche: Naturwissenschaften, Ingenieurwissenschaften und Geisteswissenschaften nach Fachbereichen strukturiert, z.B.:
Physik, Chemie, Verfahrenstechnik, Konstruktion und Fertigung, Verkehrswesen, Erziehungswissenschaften, Kommunikationswissenschaften.

Die Einarbeitung der Bewerber in den Betrieben im Bereich der Konstruktion erfolgt weitgehend in der Praxis, Vorkenntnisse bei Hochschulabsolventen sind kaum vorhanden. Kenntnisse in den Bereichen Design und Formgestaltung werden an Technischen Universitäten nicht vermittelt.
Wenn heute Konstruktion gelehrt wird, dann ist damit überwiegend die 'klassische' Konstruktion , d.h. die Konstruktion von Bauelementen mit analytisch beschreibbaren Oberflächen (Maschinenelemente-Konstruktion) gemeint. Freiformkonstruktion wurde bisher nur beim Schiffbau eingesetzt, beim Fahrzeugbau dagegen wurde die Formgebung den Designern überlassen und auch die Behandlung im Ingenieurstudium ausgespart.

Hier sind Änderungen durch den Rechnereinsatz bereits spürbar. Im Grundstudium wird Konstruktionslehre mittels PC-Einsatz gelehrt. Im Hauptstudium werden z.B. im Schiffbau Vorlesungen zum rechnergestützten Entwerfen, in der Fertigungstechnik zum rechnergestützten Fertigen angeboten. Es existiert bisher allerdings kein durchgehendes, integriertes Lehrangebot von der Konzeption über den Vorentwurf, Konstruktion, Fertigungsplanung, Fertigung bis zum Vertrieb.

Struktur des Studiengangs Verkehrswesen an der TU Berlin

Der Fachbereich 12 (Verkehrswesen) an der Technischen Universität Berlin bietet, einmalig in der Bundesrepublik Deutschland, objekt- und anwendungsbezogene Studienrichtungen, orientiert an den Verkehrsträgern wie:
Flugzeug und Raumflugkörper, Schiffe, Kraft- und Spurgebundene Fahrzeuge
an.
Vermischungen der Vorlesungen und Lehrveranstaltungen sind nur bedingt möglich. Für eine zusätzliche Orientierung des Studienschwerpunktes können aber methodenorientierte Veranstaltungen, einzuordnen nach:
Versuch, Berechnung, Konstruktion und Fertigung
belegt werden.
Der Fachbereich Verkehrswesen gliedert sich in die Institute und Studienrichtungen:
Schiffs- und Meerestechnik, Luft- und Raumfahrttechnik, Verkehrsplanung und -wegebau, Fahrzeugtechnik.
Prinzipiell bietet der Studiengang Verkehrswesen, bezogen auf einzelne Verkehrsträger, die Möglichkeit eines im Sinne von CIM integriertes Lehrangebotes.

Beispiel:

Studienrichtung Fahrzeugtechnik, Schwerpunkt "Entwurf und Konstruktion von Kraftfahrzeugen"

Schwerpunkt der Konstruktiven Fahrzeugtechnik ist neben den Fächern: Grundlagen der Kraftfahrzeugtechnik, Fahrzeugdynamik und Konstruktion von Kraftfahrzeugantrieben
die Integrierte Veranstaltung **"Entwurf und Konstruktion von Kraftfahrzeugen"**. Bei dieser Veranstaltung werden neue Wege der integrativen, ganzheitlichen Behandlung des Fahrzeug-Entwurfsprozesses begangen. Ziel dieses Lehrangebotes ist es, einen Einblick in den ganzen Fahrzeugentwicklungsprozeß zu vermitteln. Das wird durch eine Kombination von Vorlesung, Vorträgen und Projektarbeiten erreicht. Dazu ist von den beteiligten Studenten eine Aufgabe zu definieren, die Arbeit zu organisieren, durchzuführen und zu dokumentieren. Zur Team-Arbeit gehört auch die Kooperation der Fahrzeugtechniker mit Studenten des Fachbereichs Design der Hochschule der Künste in Berlin im Hinblick auf Design-Entwürfe, Außenhautdarstellungen und Innenraumgestaltungen.
Die Einbeziehung des Rechners in die konstruktive Auslegung eines neuen Fahrzeugmodells im Hinblick auf Ergonomie, Außenhaut-Generierung, Drahtmodell-Darstellung, Oberflächen-Beleuchtungsdarstellung, Konstruktionsberechnung, Bauraumgenerierung usw., zu einem möglichst frühen Stadium, wird angestrebt. In dieser Veranstaltung wird zudem der Versuch unternommen, die Notwendigkeit einer integrativen Behandlung der Fahrzeugentwicklung -im Sinne von CIM- zu verdeutlichen.

Änderungen des Umfeldes; Möglichkeiten und Anforderungen für den Entwurfsprozess

Zu den Änderung des Umfeldes sind folgende Tatsachen zu zählen:
- Leistungsfähige und benutzerfreundliche Rechner-Hardware steht, infolge des Preisverfalls, nun auch kleineren Betrieben zur Verfügung;
- Bedarfsgerechte und intelligente Software entwickelt sich mehr und mehr in Richtung auf Expertensysteme;
- Schnelle Datenübertragungs- und Kommunikationssysteme stehen zur Verfügung;
- Die Grafikfähigkeit der Rechner und Workstations wird immer leistungsfähiger;

- Eine Internationalisierung der Konzerne zwingt diese zu einem weitestgehenden Datenaustausch mit seinen Partnern;
- Die Zusammenarbeit zwischen Fahrzeugherstellern und Zulieferern erfolgt über einen intensiven Datenaustausch (Schnittstellenproblematik);
- Forderungen des Marktes nach Modellvielfalt verstärken sich;
- Internationalisierung und Durchdringung der Märkte zwingt zu Zusammen arbeit.

Es entstehen schärfere Wettbewerbsbedingungen durch Überproduktionen.

Möglichkeiten und Anforderungen für den Entwurfsprozeß

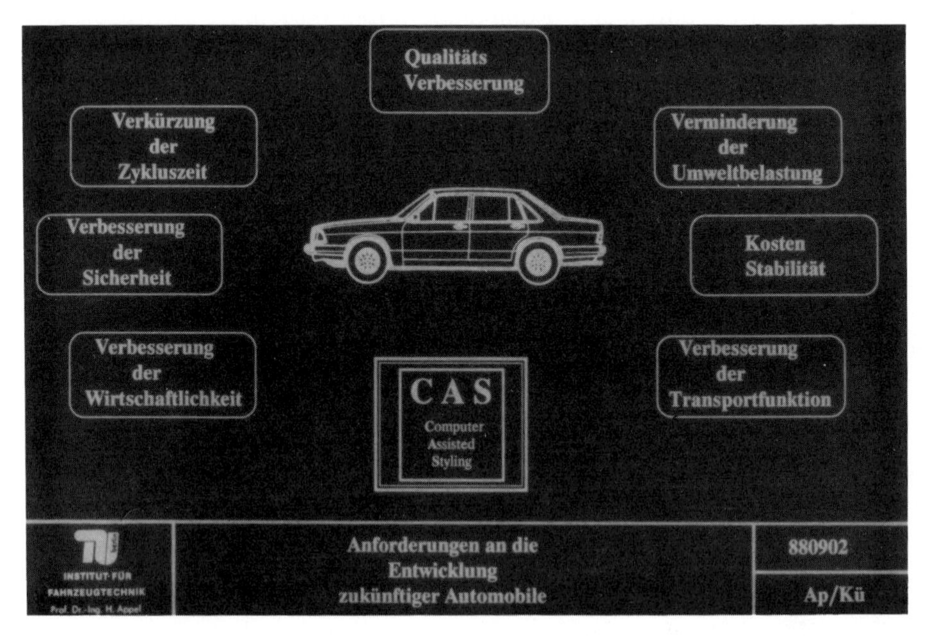

Bild 1. Anforderungen an die Entwicklung zukünftiger Automobile

Stichwortartig lassen sich folgende Anforderungen an den Entwurfsprozeß uind die Entwicklung neuer Fahrzeuge konstatieren:
- Verbesserung der Entwurfsqualität;
- Verkürzung der Entwurfszeiten;
- Schnellere Umsetzung von technischen Neuerungen;
- Durchspielen von mehr Varianten;

- Integrative und iterative Ableitung unterschiedlicher Ziele wie z.B.:
  Senkung der Kosten,
  Senkung des Fahrzeuggewichts,
  Erhöhung der Funktionsgüte,
  Erhöhung der Wirtschaftlichkeit,
  Erfüllung der gesetzlichen Auflagen,
  eigenständiges, besonderes Styling,

Die Lösung auftretender Zielkonflikte im Sinne einer Optimierung der Entwicklungsergebnisse, muß die Hauptaufgabe der Zukunft sein. Dabei scheitert eine selbsttätige Gesamtoptimierung derzeit daran, daß zum einen keine einheitlichen Zielfunktionen definiert werden können zum anderen daran, daß der Mensch z.B. bei der Formgestaltung eingreifen will.
Dennoch lassen sich durch **Parameter-Identifikation und parametergesteuerte Geometrieerzeugung** sowie durch einen Fahrzeugentwurf ohne physikalisches Modell und ohne Zeichnungen erhebliche Verbesserungen erzielen.

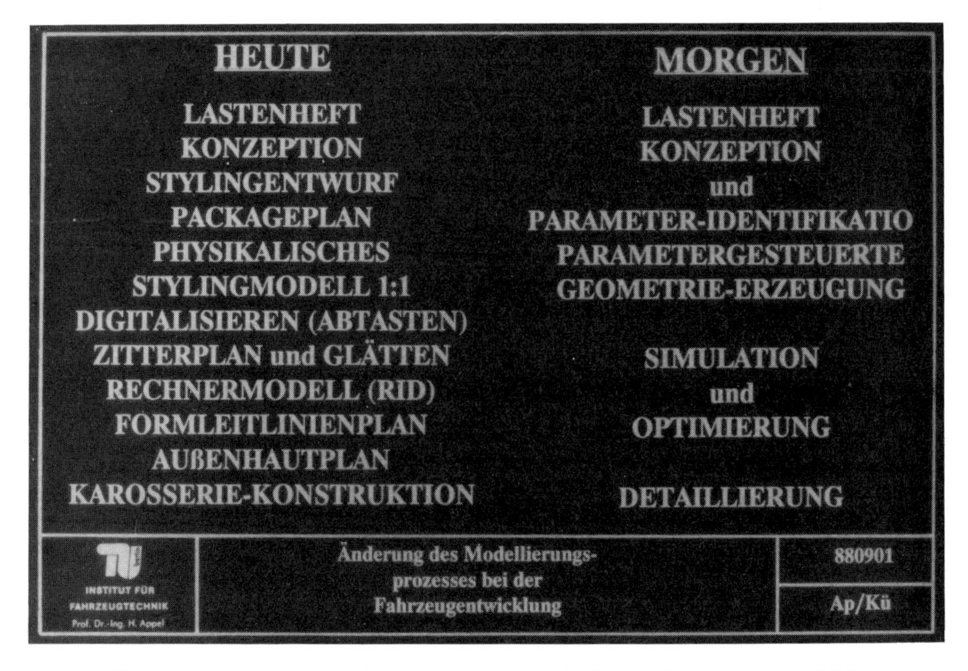

Bild 2. Änderung des Modellierungsprozesses bei der Fahrzeugentwicklung

Durch eine derartige Umgestaltung des Entwurfsprozesses, wird direktes, interaktives Entwerfen und Konstruieren mit Einbeziehung von Lastenheftvorgaben, Design, Simulation, gesetzlichen Auflagen und einer Parametergenerierung möglich.

Entsprechende Lösungsansätze werden am Institut für Fahrzeugtechnik in Lehre und Forschung verfolgt.

Weitere Lösungsansätze an Hochschulen, speziell der Technischen Universität Berlin beim Einsatz der Rechnerunterstützung in Konstruktion, Planung, Fertigung, Inspektion und Dienstleistung, was weltweit mit dem Begriff CIM (Computer Integrated Manufacturing) beschrieben wird, werden in [17] beschrieben. Forschungsaktivitäten auf diesem Gebiet sind heute so weit fortgeschritten, daß Ansätze der durchgängigen Computerunterstützung bei der Erstellung eines Produktes schon realisiert sind. Um allerdings die vollständige Integration von CAD/CAM-Systemen in einem Entwurfs- und Fertigungsfluß zu erreichen, benötigt man ein Konstruktionsmodell, welches in der Lage ist, alle wichtigen physikalischen, geometrischen und technologischen Eigenschaften technischer Objekte zu repräsentieren [16].

Aufbau neuer, integrativer Studiengänge (CIM)

Lehraktivitäten, die sich mit einer Einführung des durchgängigen Rechnereinsatzes bei der Produkterstellung befassen, sind nur von der Ruhr-Universität Bochum (Prof. Seiffert) bekannt. Teilgebiete aus der Produkterstellungskette, speziell die Produktionstechnik sowie die Automatisierung des Produktionsablaufes, werden als Lehrveranstaltung an der TU-Berlin von Prof. Spur angeboten. Spezielle Veranstaltungen, die das komplexe System Kraftfahrzeug rechnerisch von der Planung bis zur Auslieferung bearbeiten, werden dagegen an keiner Hochschule in der Bundesrepublik Deutschland und Berlin (West) gelesen.

Beschränkung auf Integration einiger Disziplinen der Fahrzeugentwicklung

Neben der Projektplanung, der Fahrzeugentwicklung und der Konstruktion sind die Fertigung, Material- und Arbeitsplanung sowie der Versuch wichtige Bausteine bei der automobilen Produktfindung. Von diesen Bausteinen wird in den weiteren Ausführungen nur die Fahrzeugentwicklung (Vorentwicklung) herausgegriffen, da für diesen zeitlichen Bereich bei der 'Produktgestaltung Automobil' Ansätze für eine durchgängige Rechnerunterstützung am Institut für Fahrzeugtechnik untersucht und bearbeitet werden.

Der bisherige Einsatz von Digitalrechnern bei der Fahrzeugentwicklung wird im wesentlichen durch die numerische Berechnung theoretischer Modelle geprägt. Dabei wird die gesamte Entwicklungsphase von Berechnungen begleitet:
Zu Beginn mit der Auslegungs- und Vorausberechnung über die Optimierungsrechnung bis zur rechnerischen Analyse und Nachrechnung.

Die Aufgaben, die heute mit Hilfe des Computers bearbeitet werden können, wie beispielsweise die Fahrdynamik, die Strukturanalyse und die Crashmechanik liefern Ergebnisse, die einen hohen Grad an Realität und Genauigkeit aufweisen. Die Lösung der verschiedenen Aufgaben erfolgt jedoch parallel und weitgehend unabhängig voneinander. Die somit erzielbaren Ergebnisse, die zur Fahrzeugentwicklung notwendig sind, stellen nur mit erheblichem Aufwand in einem Iterationsprozeß verknüpfbare 'Insel'- Lösungen dar. Die Anzahl der zu verknüpfenden Insellösungen erhöht sich noch weiter, sollen alle Disziplinen der Fahrzeugtechnik, die sich aus den Anforderungen an das Automobil ergeben, mit berücksichtigt werden [1], [9], [10], [11].

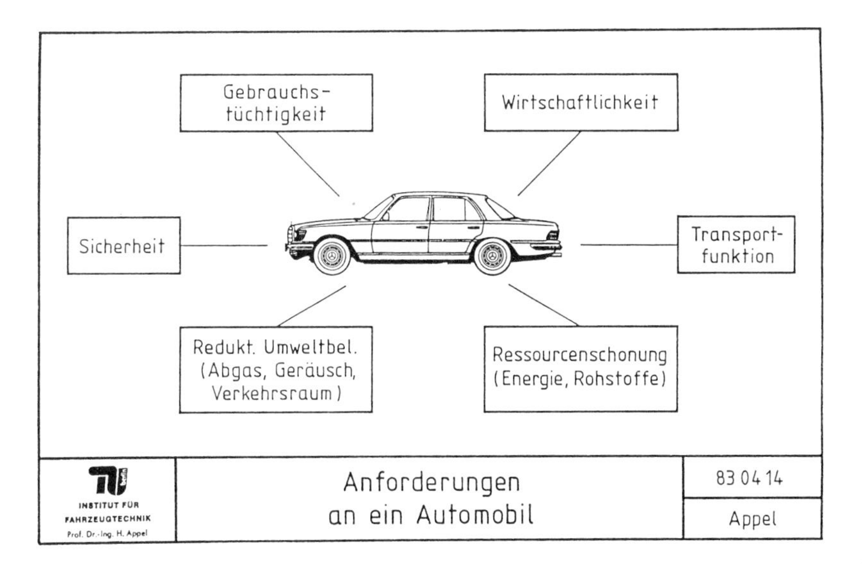

Bild 3. Anforderungen an ein Automobil

Die Verknüpfung von Teilsystemen zu einer Gesamtfahrzeugbeschreibung innerhalb eines interaktiven Programmes würde zur heutigen Zeit die Kapazität angebotener Rechenanlagen (Arbeitsplatzrechner) sprengen und die Transparenz für den Anwender in Frage stellen.
Die Anforderungen an das Automobil führen zu Zielvorgaben, die möglichst alle optimal erfüllt werden sollten.

Daher sind einerseits Strategien, andererseits - im Hochschulbereich zulässige - Beschränkungen nötig, um statt einer iterativen Annäherung an ein Optimum eine simultane Gesamtoptimierung zu erreichen.

Die Beschränkungen bestehen bei der rechnergestützten Entwicklung eines Fahrzeuges auf Zielvorgaben (Bild 4.) und Teilsystemen (Bild 5.).

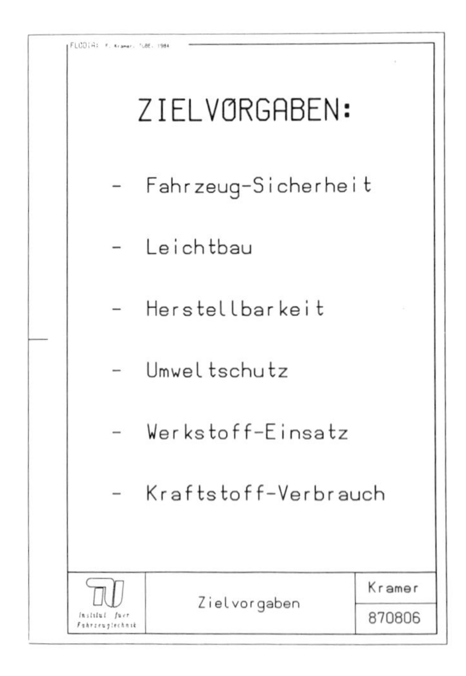

Bild 4.
Zielvorgaben

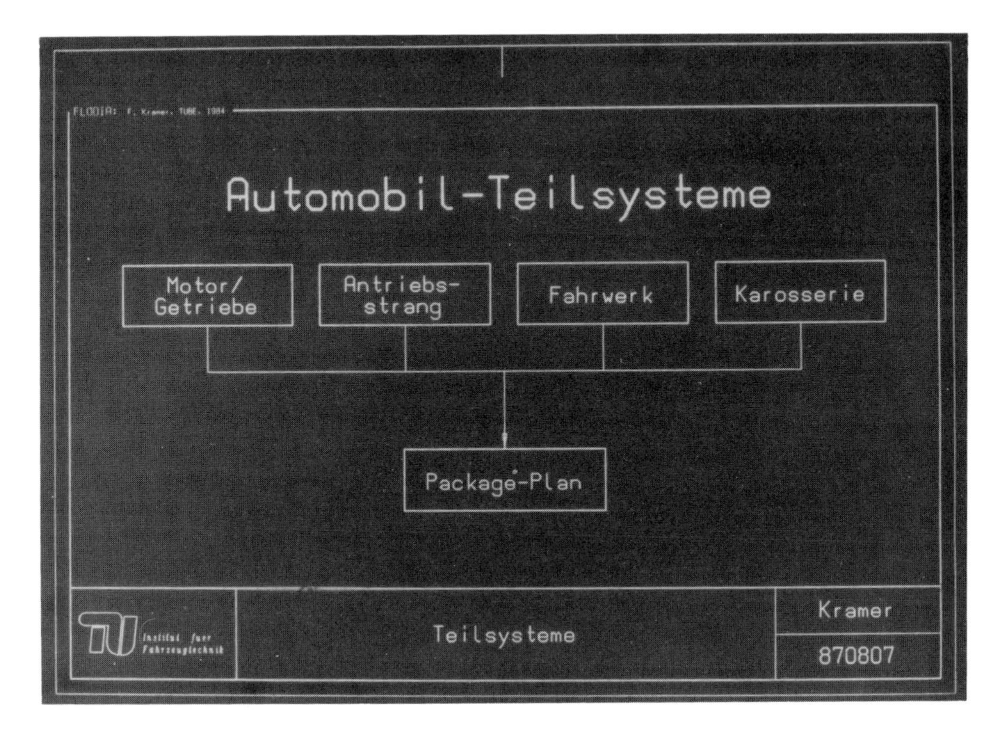

Bild 5. Teilsysteme

Außerdem sollte ein Entwicklungssystem die Vorentwicklungsphase bis zum Package-Plan und der Innenraumgenerierung überdecken.

Lösungsmöglichkeiten für die Bearbeitung von Fahrzeugentwürfen im System AURORA (Anforderungen an das System)

Mit der Erstellung und Anwendung des Entwicklungssystems AURORA am Istitut für Fahrzeugtechnik der TU Berlin, wird das Ziel verfolgt, die Aufgaben bei der Auslegung von Fahrzeugen, das sind:

Modellierung, Konstruktion und Berechnung

zusammenzuführen und gekoppelt über eine gemeinsame Datenbasis anzuwenden, um so die Erzielung von Insellösungen zu vermeiden [1], [3], [9], [10], [11] (Bild 6.).

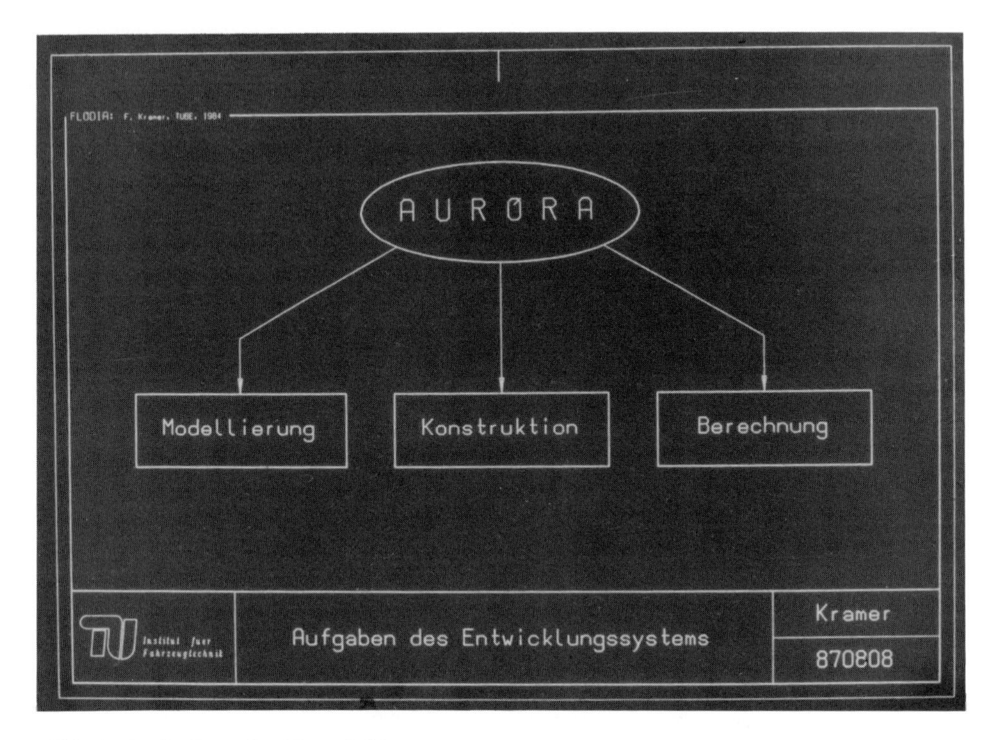

Bild 6. Aufgaben des Entwicklungssystems

Als weitere Zielsetzung wird verfolgt, das Entwicklungssystem AURORA als anwendungsorientiertes Konstruktionshilfsmittel so anzulegen, daß dem Ingenieur eine weitgehend vertraute Lösungsumgebung für seine Tätigkeiten geboten werden kann. Andererseits soll aber auch den angehenden Fahrzeugingenieuren in der Ausbildung ein anschauliches Hilfs- und Arbeitsmittel zur Lösung fahrzeugtechnischer Entwurfsaufgaben zur Verfügung gestellt werden [2].

Aufgaben des Entwicklungssystems AURORA und seine Realisierung in einem interaktiven Programmsystem (Programmaufbau und Datenverwaltung)

In der Bearbeitungsebene (Bild 7.) des Entwicklungssystems AURORA werden die Teilsysteme (Informationssystem, Modell- und Methodenbanksystem und Datenbanksystem) mit dem Service und den Funktionsblöcken gekoppelt. Hier werden zur Problemlösung Programme aus der Modell- und Methodenbibliothek zur Verfügung gestellt, die Datenstruktur den jeweiligen Modellen angepaßt und die Datenversorgung der Parameter überprüft und gesichert.

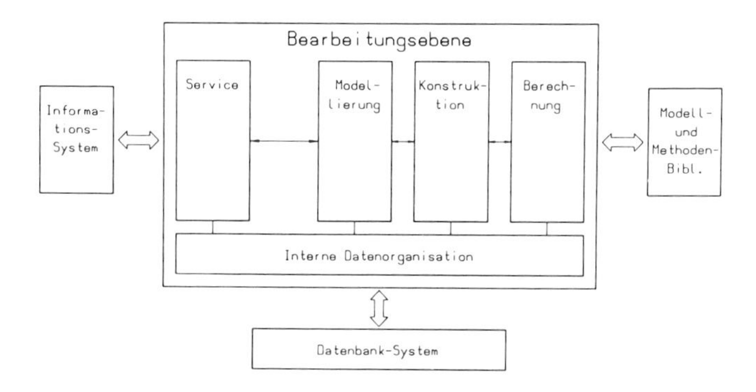

Bild 7. Struktur des Entwicklungssystems AURORA
Bei den weiteren Ausführungen gilt das besondere Augenmerk dem Funktionsblock MODELLIERUNG.

Rechnergestützte Modellierung im interaktiven System

Der Funktionsblock MODELLIERUNG umfaßt Programme zur Erstellung und Bearbeitung der Geometrie des Fahrzeugs.

Die beschreibende Geometrie eines Fahrzeuges oder Fahrzeugteils läßt sich auf unterschiedliche Weise erzeugen; vorgesehen bzw. bereits umgesetzt sind in diesem Funktionsblock:

- die Erzeugung von Systemlinien oder Flächen durch Freihandeingabe,
- die Abtastung von Modellen, Bauteilen und Zeichnungen (Digitalisierung),
- die Datenübernahme von Geometriebeschreibung über genormte Schnitt stellen (z.B. VDA-Flächenschnittstelle),
- die Generierung der Geometrie mit Hilfe von beschreibenden Parametern.

Alle Möglichkeiten der Modellerzeugung (Bild 8.) sind somit im System vorhanden, damit z.B. auch schon realisierte Fahrzeugkonzepte aufgenommen und weiterverarbeitet werden können.

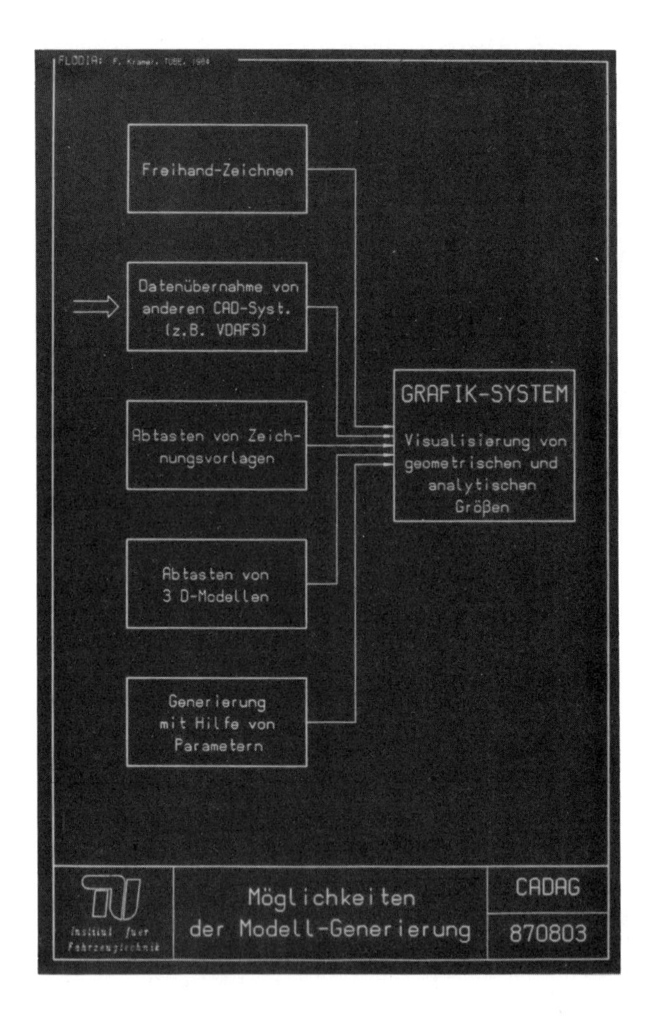

Bild 8. Möglichkeiten der Modellgenerierung

Geometriemodell als Basis für die Fahrzeug-Konzeptbeschreibung

Durch die vorab beschriebenen, unterschiedlichen Eingabemethoden lassen sich raum- und formbeschreibende Parameter eines Geometriemodells in einem Entwurfsprogramm besetzen, die nach der Umsetzung in ein räumliches Abbild dem Designer Anhaltspunkte für die Formgestaltung geben können (Bild 9.).

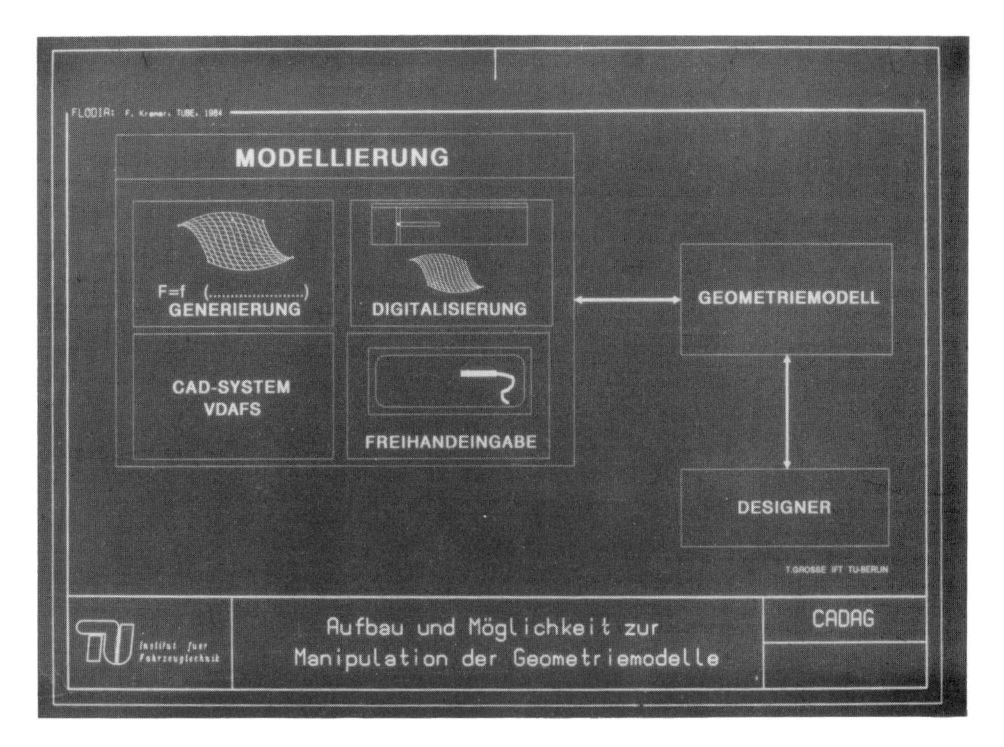

Bild 9. Aufbau und Möglichkeiten zur Manipulation der Geometriemodelle

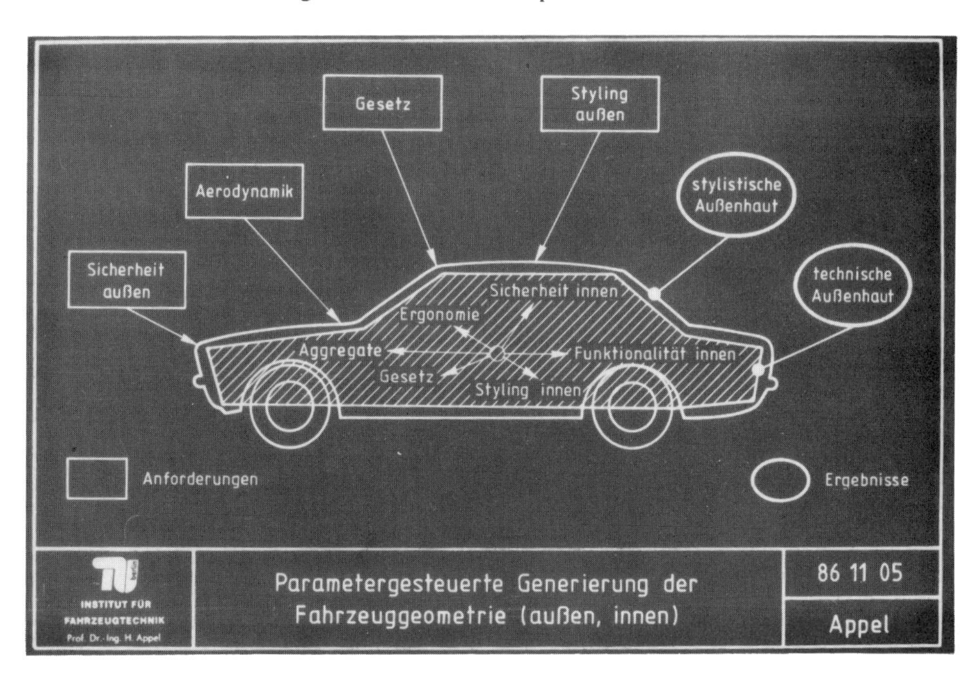

Bild 10. Parametergesteuerte Generierung der Fahrzeuggeometrie

Dieses Geometriemodell beinhaltet Parameter, die aus den Anforderungen an das Fahrzeug von 'Außen' sowie von 'Innen' abgeleitet worden sind [4], [5], [6]. (Bild 10.)

Bei der Konstruktionsweise 'Innen/Außen' wird von den Hauptabmessungen der Insassenzelle, des Gepäck- und des Motorraums ausgegangen, die an die Forderungen, wie z.B. Platzbedarf, Aggregateauslegung, Transportkapazität und gesetzliche Vorschriften, anzupassen sind. Ergebnisse der parametergesteuerten Geometriegenerierung sind Mindestbauräume der Insassenzelle, des Motor- und Kofferraums, die zum einen als Vorgaben für System- und Randlinien (sog. Formleitlinien) für den Flächenaufbau der zukünftigen Außenhaut eines Fahrzeuges dienen, zum anderen als Begrenzung der Freiräume für Strukturmodelle angesehen werden. Bild 11. zeigt beispielhaft einige beschreibenden Parameter für die Dachfläche.

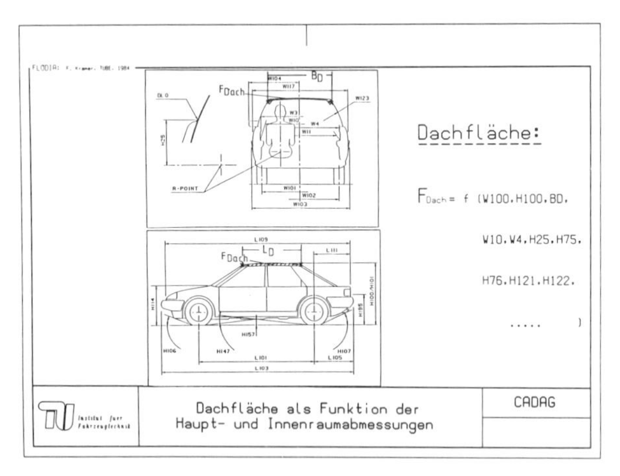

Bild 11. Dachfläche als Funktion der Haupt- und Innenraum abmessungen

Beispielhafte Fahrzeugmodellierung durch Festlegung der Raumanforderungen

Zur schnellen Generierung einer Pkw-Basisgeometrie, die die Grundlage für alle weiteren Entwurfsberechnungen sowie aller weiterführenden Konstruktionsschritte darstellt und die außerdem einen Großteil der funktionellen Anforderungen an das zukünftige Fahrzeug beinhaltet, ist es notwendig, Entwurfsparameter zur Beschreibung der Geometrie und der Funktionen abzuleiten. Durch Entwurfsstrategien, Methoden zur geometrischen Modellierung der Karosserie, der Aggregate und des Gesamtfahrzeugs wird der Entwicklungsprozeß unter Berücksichtigung der Vorgaben aus dem Lastenheft sowie gesetzlicher Restriktionen nachvollziehbar gestaltet [18].
Anhand einiger ausgeführter Beispiele soll die parametergestützte Bauraumfestlegung sowie die Erstellung eines Strukturmodells erläutert werden.

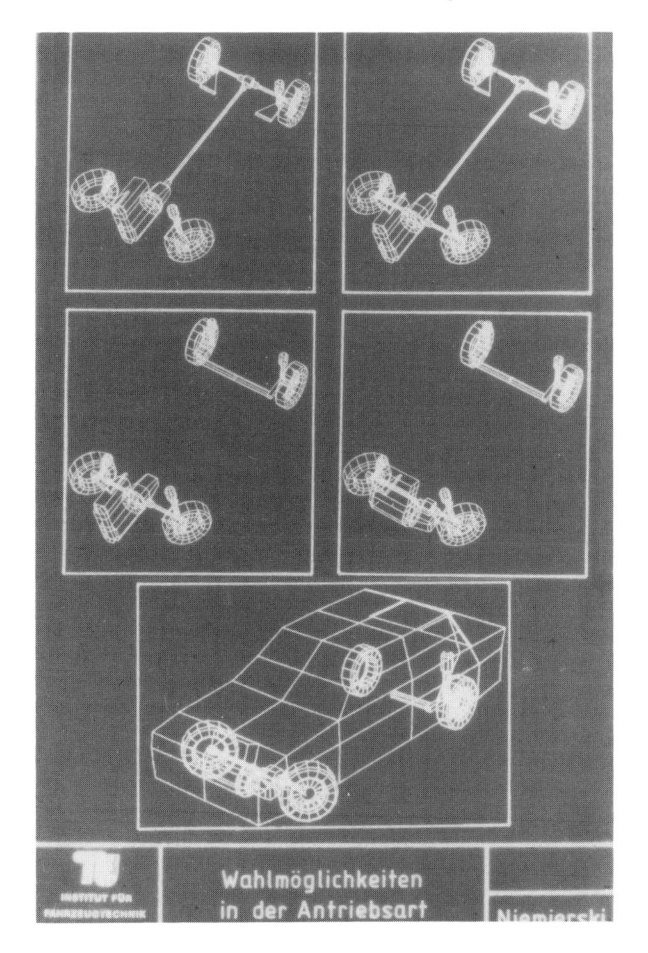

Bild 12. Wahlmöglich--
keiten in der
Antriebsart [13], [14]

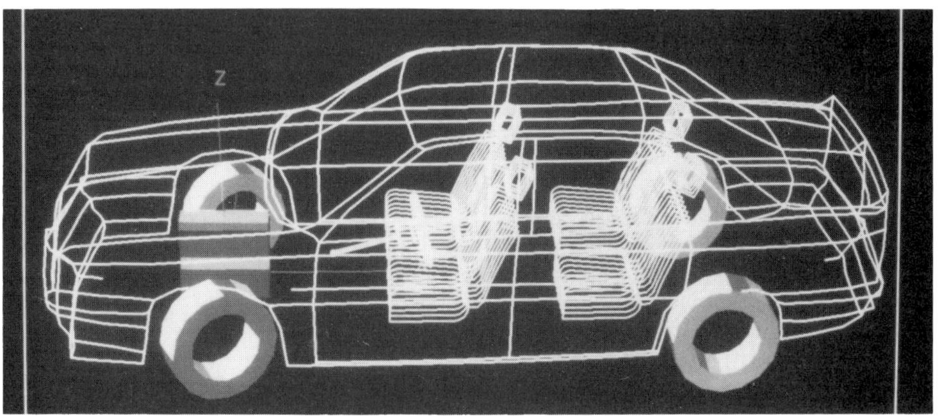

Bild 13. Bauräume für gewählte Antriebsart

Raumbedarf für Insassen (Insassenzelle)

Bild 14. Innenraumfestlegung durch Positionierung der benötigten Innenraumteile

Raumbedarf für das Fahrwerkskonzept

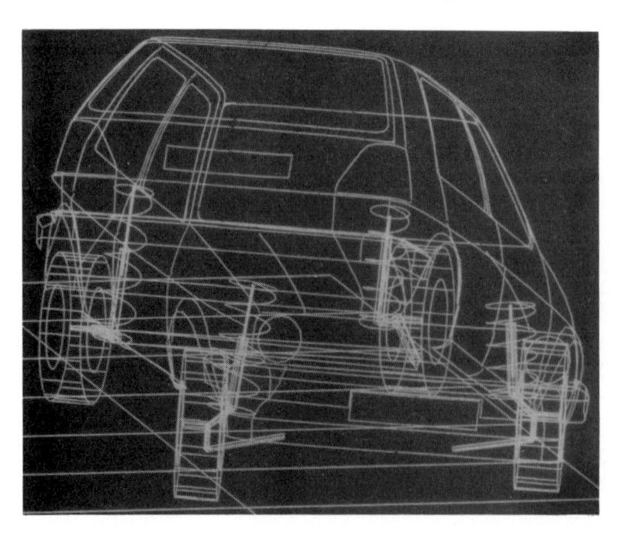

Bild 15. Fahrwerksauslegung und Bauraumbedarf bei Fahrmanövern [8]

Festlegung von Strukturmodellen

Nach der Bereitstellung der Fahrzeug-Basisgeometrie, die durch Funktionsuntersuchungen auf Einhaltung der Anforderungen und Widerspruchsfreiheit geprüft wurde, liegt der notwendige Raumbedarf für die Aggregate fest. Anhand der geforderten Bauräume für Motor-, Innen- und Gepäckraum wird die Fahrzeugstruktur aufgebaut. Durch die Bedarfsermittlung der Einbauräume und der Gestaltung der Strukturbänder zu Profilen, kann der Fahrzeugentwurf genauer beschrieben und Nachrechnungen auf einem höheren Niveau ausgeführt werden [10], [18]. Bild 16. zeigt ein ausgeführtes Beispiel des Strukturmodells.

Bild 16. Strukturmodell mit Insassenzelle [13], [14]

Entwicklung der Außenhaut aus Innenraum-Anforderungen

Sind alle notwendigen Funktionsuntersuchungen erfolgreich durchgeführt worden und liegt die Rahmen-Struktur widerspruchsfrei fest, kann mit der Generierung der Außenhaut begonnen werden.

Dabei sind neben technischen Anforderungen, wie Aerodynamik und äußere Sicherheit, auch Gesichtspunkte des Designs zu berücksichtigen.

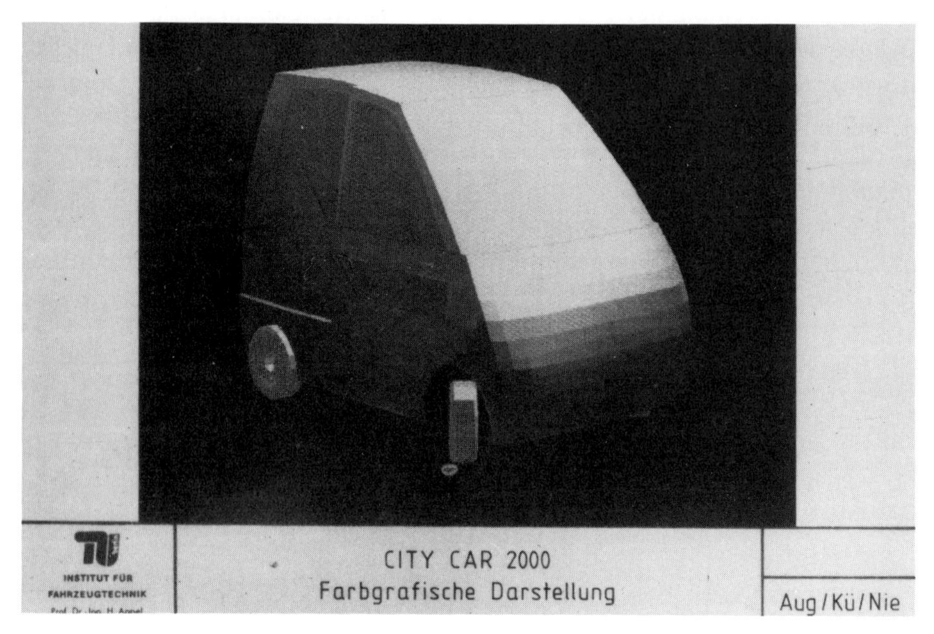

Bild 17. Ausgeführte Außenhautform

Parametergestützte Modellgenerierung, Optimierung

Zur Erarbeitung einer geeigneten Karosserieform und -struktur sind viele Iterationen notwendig, um allen Anforderungen des Lastenheftes gerecht zu werden. Der Einsatz aufwendiger Rechenprogramme über alle Iterationsschleifen einer Optimierung unter Berücksichtigung aller Freiheitsgerade der Konstruktionsmodelle ist dabei nicht wirtschaftlich, die Beschränkung auf wenige, formbeschreibende Größen, möglichst ohne Verlust an Aussagefähigkeit der Ergebnisse, ist dagegen die geeignete Lösung. Durch die Strukturierung und Zerlegung des Entwicklungsprozeßes in analytisch beschreibbare und formal ableitbare Einzelschritte wird der Versuch unternommen, den teilweise nur empirisch erfaßbaren Entwicklungsablauf von Fahrzeugen durchsichtig und nachvollziehbar festzuhalten und für den Rechner zugänglich aufzubereiten. Der analytisch formale Beschreibungsvorgang ist ebenfalls Grundlage für den Einsatz von Optimierungsverfahren auf Teilbereiche des Fahrzeugs oder auf den gesamten Entwurf.

Im Gegensatz zu anderen Verkehrsmitteln, z.B. dem Flugzeug oder dem Schiff, ist es bei Personenkraftwagen nicht möglich, das zu optimierende Objekt, bzw. die zu erfüllenden Voraussetzungen, mittels einer Zielfunktion zu beschreiben. Ist z.B. ein Verkehrsflugzeug nach [19] rein durch Wirtschaftlichkeitsanforderungen auszulegen, werden Pkw zum überwiegenden Anteil nach mathematisch nicht oder nur ungenau formalisierbaren Kriterien (Design, Komfort, Sportlichkeit usw.) beschrieben. Derartige, z.T. rein ästhetisch gewonnene Geometrieaussagen, lassen sich auch in Zukunft nicht in Formeln oder Parametern wiedergeben. Zielfunktionen, die Designvorgaben bzw. Ästhetikaussagen berücksichtigen können, sollen nicht Gegenstand der Untersuchungen im Entwicklungssystem sein. Vielmehr sind Zielfunktionen zu erarbeiten, die neben Anforderungen an das Gesamtfahrzeug vor allem Geometriezusammenhänge und Funktionsabhängigkeiten beschreiben. Für die 'technische' Optimierung -im Gegensatz zu den Designvorgaben- im Zusammenhang mit Geometrievariationsmöglichkeiten, werden Wirkzusammenhänge erstellt, deren Rechnerergebnisse Geometrievorschläge sind, an denen Konstrukteure und Designer ihre Gedanken und Vorstellungen am grafischen Arbeitsplatz, interaktiv umsetzen und realisieren können [5], [7], [12], [14].

Probleme, die beim Entwurfsprozeß auftreten, lassen sich mit einem System, basierend auf einem formalisierten Entwicklungsprozeß, bereichsübergreifend lösen, d.h. zusätzliche Gesichtspunkte, Einschränkungen und Restriktionen aus dem Lastenheft werden sofort mit berücksichtigt und führen später nicht zu Fehlentwicklungen.

Hardware-Ausstattung für die Realisierung eines derartigen Projekts mit Möglichkeiten zum Einsatz in der Lehre

Die Arbeiten am Programmsystem AURORA sowie die Ausbildung der Studenten erfolgen an institutseigenen Rechnern (MicroVAX II Rechenanlage). Die Aufgaben der wichtigsten Komponenten in Systemumgebung sind:
- MicroVAX II Rechner zur Systemerstellung und Problembearbeitung,
- hochauflösende, dynamische Rastergrafik zur Problembearbeitung (TEKTRONIX 4237),
- Einbeziehung der über das Hochschulnetz ansprechbaren Hochleistungsrechner (CDC Cyber 180-860, Cray XMP-4) für aufwendige Rechenoperationen.

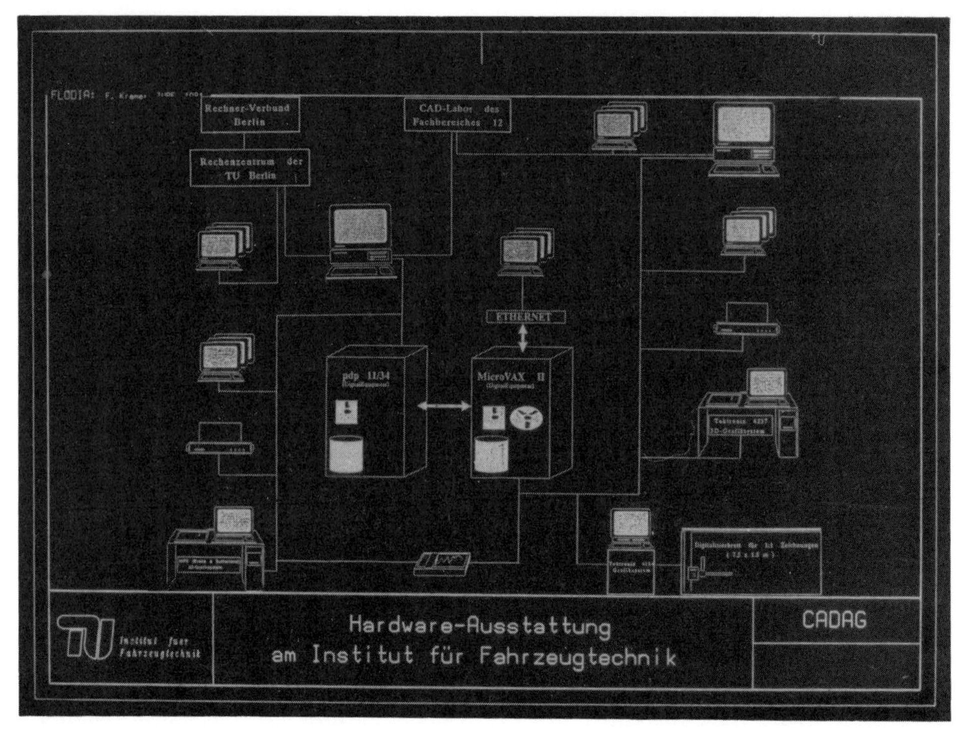

Bild 18. Hardware-Ausstattung am Institut für Fahrzeugtechnik

Nach weiterem Ausbau des Programmsystems AURORA und intensiver Nutzung der hochauflösenden, dynamischen Rastergrafik für den Fahrzeugentwurf auch in der Lehre, ist der dargestellte Ausbaustand für wenige, besonders interessierte Studenten noch einsetzbar. Für den Einsatz als vorlesungsbegleitendes Hilfs- und Arbeitsmittel stehen nicht genügend Arbeitsplätze und ausreichende Rechnerleistung zur Verfügung.

Die Beschränkung der Hard- und Software verlangt ein Lehr- und Forschungskonzept, das methodische Aspekte in den Vordergrund rückt und qualitative Untersuchungen nur in Einzelfällen und nur im Hintergrund zuläßt.

Zusammenfassung

Als Lösungsansatz für einen durchgehenden Rechnereinsatz in der frühen Phase der Fahrzeugentwicklung wird das Programmsystem AURORA vorgestellt und damit entwickelte Arbeitsergebnisse erläutert. Der durchgehende Rechnereinsatz, z.B. von der Freihandskizze oder der Vorgabe von Entwurfsparametern, bis hin zum gesicherten Fahrzeugentwurf wird somit innerhalb eines Programmsystems auf einer einheitlichen Datenbasis ermöglicht.

Das Ergebnis des Fahrzeugentwurfs stellt kein ausgereiftes Fahrzeug dar, sondern soll als erster Vorschlag den Konstrukteuren und Designern, hinsichtlich der Bauraumverträglichkeit und Einhaltung gesetzlicher Vorschriften, gesicherte Vorschläge für die Gestaltung und Konstruktion liefern.

Literatur

[1] APPEL, H.; HÄNSCHKE, A.; NIEMIERSKI, S.; KRAMER, F.: 'Ein Entwicklungssystem für Kraftfahrzeuge', rechnerunterstützte Konstruktionsmodelle CAD-Kolloquium (1986) S.291-309

[2] APPEL, H.; HÄNSCHKE, A.; KÜLPMANN, R.; NIEMIERSKI, S.: 'CAD/CAM im Automobilbau aus der Sicht der Hochschule', CAD/CAM im Automobilbau, Tagung im Haus der Technik 1986

[3] APPEL, H.; et all: 'Rechnerunterstützter Entwurf für Fahrzeuge', Rechnerunterstützte Konstruktionsmodelle im Maschinenwesen. Forschungsbericht (1984-1987), Sonderforschungsbereich 203

[4] BRAESS, H. H.: 'Zur gegenseitigen Abhängigkeit der Personenwagen Auslegungsparameter Höhe, Länge und Gewicht', Automobiltechnische Zeitschrift ATZ 81(1979)9, S.427-435

[5] BRAESS, H. H.: 'Anpassung von Pkw-Auslegungsparametern an geänderte Anforderungen -Ansatz einer simultanen rechnerischen Behandlung', VDI-Bericht 368 (1984), S.19-27

[6] BRAESS, H. H.; STRICKER, R.; BALDAUF, H.: 'Methodik und Anwendung eines parametrischen Fahr zeugauslegungsmodells', Automobilindustrie AI 5(1985), S. 627-637

[7] BRASCHE, R.: 'Rechnerische Optimierung ausgewählter Parameter von Pkw-Karosseriestrukturen', Dissertation RWTH-Aachen (1984)

[8] FANDRE, A.: 'Erarbeitung eines Baukastens für Fahrwerksteile sowie deren Positionierung in Pkw-Karosserien mit CAD-Hilfsmitteln als Preprozessor für ein Fahrdynamik-Rechenprogramm', Diplomarbeit am Institut für Fahrzeugtechnik der Technischen Universität Berlin (1988)

[9] HÄNSCHKE, A.; KRAMER, F.; KONDZIELLA, R.; WOLLERT, W.: 'Das rechnergestützte Entwicklungssystem für Fahrzeuge AURORA', VDI-Bericht 613 (1986), S.227-261

[10] HÄNSCHKE, A.; KRAMER, F.; KONDZIELLA, R.; APPEL, H.: 'A Development System for Motor Vehicles', Advances in CAD/CAM, Xi'An, VR China (1987)

[11] KRAMER, F.; HÄNSCHKE, A.; KONDZIELLA, R.; APPEL, H.: 'Methodischer Ansatz für eine rechnergestützte Fahrzeug-Entwicklung', VDI-Bericht 665 (1987), S.329-347

[12] NALEPA, E.; GRAF, G.; KAISER, A.: 'Optimierung von Fahrzeugbauteilen mittels der FE-Methode in Verbindung mit einer numerischen Schädigungsabschätzung' VDI-Bericht 613 (1986) S. 577-602

[13] NIEMIERSKI, S.: 'Eine rechnergestützte Karosserie-Generierung im Pkw-Konzipierungsprozeß' VDI-Bricht 613 (1986), S. 263-284

[14] NIEMIERSKI, S.: 'Parametergesteuerte Karosserie-Generierung im Pkw-Vorentwurf', Dissertation TU-Berlin (1988)

[15] NOWACKI, H.: 'Einführung in die Methode der Optimierung' Kompaktkurs "Rechnergestützter Schiffsentwurf" am Institut für Schiffbau, Hamburg (1976)

[16] SCHNEIDER, H. J.: 'Das hybride System KANON', Wissensbasierte Systeme in CAD/CAM-Umgebungen. CIM-Management 4(1987)

[17] SPUR, G.: 'Über intelligente Maschinen und die Zukunft der Fabrik', Forschungsmitteilung der DFG, 3(1984)

[18] WOLLERT, W.; KRAMER, F.; PFEIFF, N.: 'Anwendung von CAD/CAE im Pkw-Karosseriebau' Automobilindustrie AI (1984), Nr. 3

[19] HABERLAND, CH., et all:'Rechnerunterstützter Entwurf für Flugzeuge', Rechnerunterstützte Konstruktionsmodelle im Maschinenwesen. Forschungsbericht (1984-1987) Sonderforschungsbereich 203

Computerunterstützte Designentwicklung auf PC-Basis

Angaben zum System:

1 PC Tandon 386 (5 MB Arbeitsspeicher), 2 PictureMaker Bildspeicher, PictureMaker-Software, Nise-Rembrandt Analog-Belichtungsmaschine, Calcomp-Samurai Digital-Belichtungsmaschine, Kurta Digitalisier-Tablet, 2 Mitsubishi Monitore, 1 Sony Monitor, 1 PC Olivetti, 2 PC Tandon 286, per Ethernet ca. 280 MB Massenspeicher verfügbar, Irwin 40 MB Streamer.

Kurzbeschreibung des Bilderzeugungssystems PictureMaker:

Objekte werden durch ihre Oberflächen beschrieben (Surface-Representation). Pixelorientierte Darstellung, Normalauflösung des Bildspeichers 512 x 582 Pixel bei 16 Bit Farbtiefe, Echtbilder wie Fotografien oder Dias können per Scanner oder Video-Kamera eingelesen und weiterverarbeitet werden.

Hochauflösung für Digitalkamera 2048 x 1536 Bildpunkte bei 24 Bit Farbtiefe, Plotterausgabe. Es sind 31 Farben in jeweils 256 Abstufungen gleichzeitig bei vollem Anti-Aliasing darstellbar.

Definierbarkeit der Farben: je 256 Werte für Rot, Grün und Blau, Umgebungshelligkeit (Ambient-Value), Maximal-Helligkeit (Diffusion), Transparenz, Glanzlichter und -Grade (Highlight-Values), Glanzlichtfarbe und Farbenperspektive (Depth-Cuing), maximal 5 unterschiedliche Lichtquellen, alle Parameter speicherbar in speziellen Environment-Files. Vollflächig schattiertes Darstellen (Rendern) von Objekten nach Gouroud oder Phong.

Datenstruktur von Objekten: Verarbeitbar sind bis zu 10.000 Polygone und 15.000 Stützpunkte (Vertices) bei maximal 256 Stützpunkten pro Polygon. Attribute wie Flat, Smooth u.s.w. können jedem Polygon zugeordnet werden. Polygone und deren Stützpunkte können in Gruppen eingeordnet werden, um entweder momentan nicht sichtbar zu sein oder skaliert, transloziert, gedreht bzw. dupliziert zu werden. Zur Definition von Objekten dienen eine Vielzahl von Routinen wie Rotation, Translation, Cross-Sectioning u.s.w.

Darstellbare 3D-Welt: Die Objekte können in einem Koordinatensystem von jeweils 64 K für X, Y und Z plaziert werden, also ca. 32.000 Einheiten in jede Richtung vom Ursprung des Systems ausgerechnet. Der Ausgangspunkt kann ebenfalls beliebig in diesem System angeordnet werden und der Blickwinkel kann durch Skalierung und Regulierung des Fokal-Abstandes (Focal-Length) eingestellt werden. Alle Positionsparameter sind in speziellen Position-Files abspeicherbar.

CAD-Schnittstelle zu anderen Systemen: Ein Konvertierungsprogramm im IGES-Format nach und von 2D-AutoCad ist verfügbar. Programme zur Anbindung an 3D-AutoCad, Prime-Medusa und IBM-Catia sind angekündigt.

Ein "Abfallprodukt" der rechnergestützten Darstellung ist die Möglichkeit, beim Rechnen des Bildes jede horizontale Zeile abwechselnd in Rot oder Grün zu erzeugen. Berücksichtigt man dabei den Augenabstand und rechnet das Bild mit der jeweiligen "rechten" bzw. "linken" Augenposition, dann kann mit einer 3D-Brille (Grün = linkes Auge /Rot = rechtes Auge) ein dreidimensionales Bild gesehen werden.

Beispiele:

Bild 1. Innenraumauslegung eines Großraumflugzeugs

Bild 2. Visualisierung eines Vorderachskonzepts

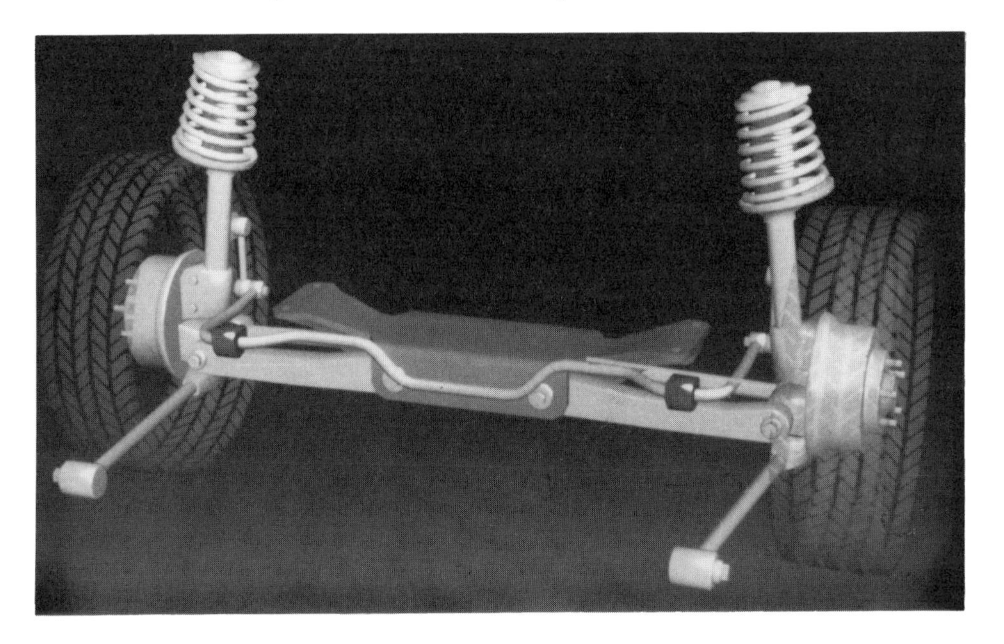

Bild 3. Visualisierung eines Hinterachskonzepts

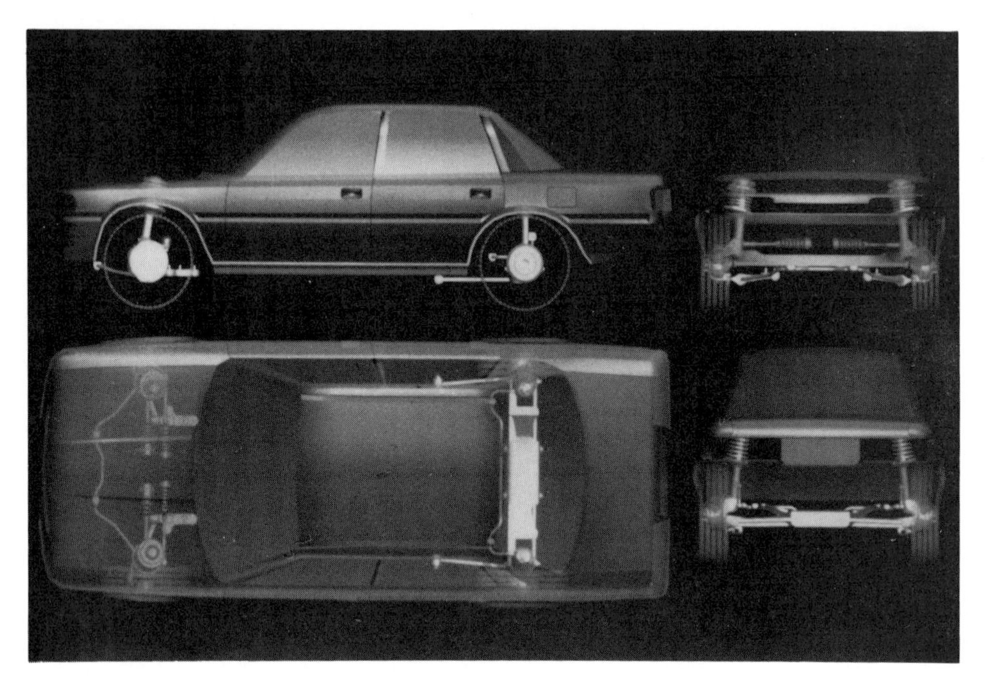

Bild 4. Einbauuntersuchungen von Achskonzepten mittels eines rechnerinternen Karosseriemodels

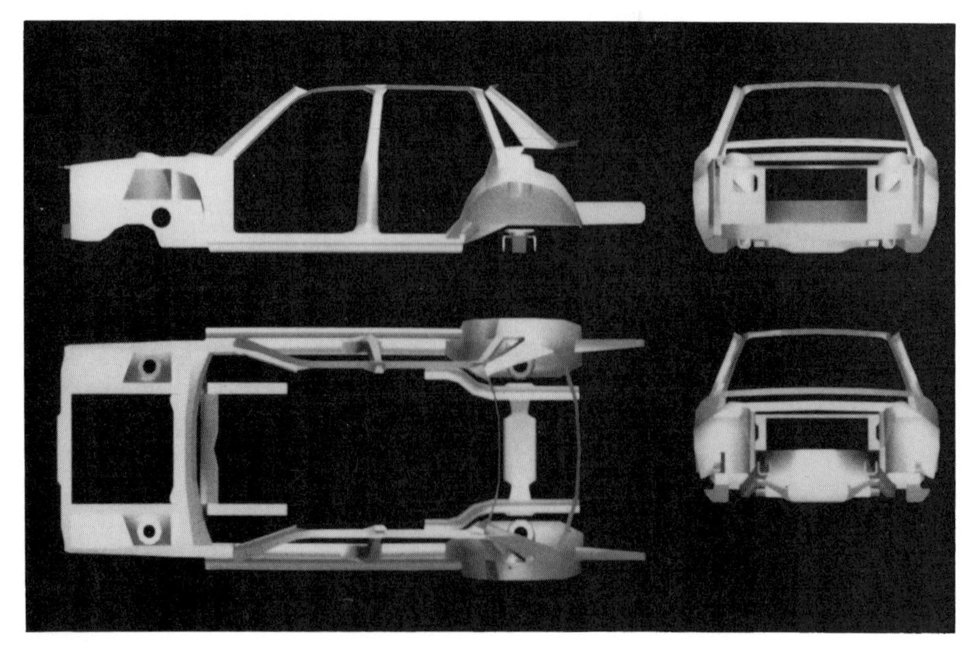

Bild 5. Darstellung einer Karosseriestruktur

Prof. H. Ohl; Fachhochschule für Gestaltung, Pforzheim

Design zwischen Vernunft und Phantasie

Ich meine nun nicht, daß die Phantasie dem Designer zuzuschreiben ist und die Vernunft der Technik und dem Ingenieur die Konstruktion, sondern ich meine, daß beide, Vernunft und Phantasie, unabdingbare Bestandteile jeder menschlichen Tätigkeit sind und insbesondere dieser kreativen Tätigkeit der Konstruktion genauso wie die des Designers. Beides ist notwendig - die Vernunft das zu sehen, was vor uns liegt, was hinter uns liegt, die praktischen heute erkennbaren Dinge umzusetzen und mit Phantasie daraus zu extrapolieren in einer logischen und doch fast irrationalen Weise. Obwohl, Irrationalität in diesem Sinne gibt es nicht - alle Dinge haben einen jeglichen inneren Zusammenhang, vielleicht ist unsere schnelle Denkfähigkeit, die uns manchmal verleitet, von Gedankenblitzen oder Träumen oder solchen Explosionen unseres kreativen Vorstellungsvermögen zu sprechen. Beides gehört zusammen.

Wie denke ich nun über Design? Vielleicht ist noch dazwischen zu sagen, daß ich seit 4 Jahren als Leiter des Studienschwerpunktes Kraftfahrzeugdesign in Pforzheim tätig bin, seit vielen Jahren als Designer, Gestalter, Architekt in der Welt, in Deutschland tätig bin. Diese Arbeit werde ich im Rahmen dieses roten Fadens erst am Ende darstellen, welche Ergebnisse und Erkenntnisse nun tatsächlich für das Fahrzeugdesign daraus entstehen. Ich beziehe mich hier zunächst ausschließlich auf das Denken, das mich regelt oder an dem ich mich orientiere, das meine Designtätigkeit oder auch meine Ausbildungstätigkeit beeinflußt. Heute sind wir als Designer sicher an einem neuen Standort angekommen, daß wir nicht mehr denken, wie wir vielleicht vor 30, 20 Jahren argumentiert hatten, wir müssen durch Design das technische Produkt rationalisieren, wir müssen die Leistungsfähigkeit des Produktes steigern. Die ganze Argumentation war auf die Leistungssteigerung gerichtet, oder sie war gerichtet, im Styling ausschließlich auf das Image, auf das Imponiergehabe, welches das Produkt vorgibt, ohne einen Bezug zu der Leistung selbst zu haben.

Heute, meine ich, ist der Mensch wirklich in den Mittelpunkt des Bemühens gerückt. Es ist eigentlich eine Rückbesinnung, das sehen wir auch im politischen Leben, das sehen wir auch beim Einzelnen, in seinem Denken. Der Mensch denkt umfassender. Obwohl er umfassender denkt und die Probleme der Welt ständig täglich auf ihn einfließen, ist er mehr als je fähig, seine menschliche Existenz und die der anderen - dieses Zusammenwirken - in den Mittelpunkt seiner Betrachtung zu setzen.

Und so hat auch der Designer immer mehr verstanden oder sieht es immer mehr, daß dieses Phänomen Mensch für ihn das Wichtigste ist, zu erkennen. Was ist der Mensch, was kann er, was will er? Selbst das "Was will er?" könnten wir scheinbar mit Marketinguntersuchungen analysieren. Obwohl, was erkennen wir da? Da erkennen wir eigentlich nur, wer kauft die Autos - und wer sind die Leute, die sie kaufen - so sehen ja meistens diese Studien aus, welche Fahrzeuge wählen sie. Aber eine echte Prognose oder, sagen wir, eine echte Vorstellung dessen, was der Mensch braucht, schlummernd, nicht fähig zu artikulieren, in sich trägt, wird da nicht ausgesagt. Der Mensch hat eine große Wahrnehmungsfähigkeit. Sie wird beschränkt, ob wir in einen Fernseher schauen, das kleine Bild, oder ob wir durch ein Wagenfenster hinausschauen. - Wir haben ein unbegrenzte Wahrnehmungsfähigkeit, die sehr weit ist, die sehr groß ist. Wir haben eine große Fähigkeit, Farben zu erkennen. Wir haben eine enorme Fähigkeit, Dinge zu fühlen, zu spüren. Wir haben eine große Bewegungsfähigkeit, die eigentlich nur durch unser menschliches diszipliniertes Verhalten ständig eingeengt wird. Demgegenüber versuchen wir die Dinge so zu konstruieren, das sie optimal ergonomisch sind und uns dabei immernoch mehr festhalten, starr in einer bestimmten Position. Im Design oder auch in der Konstruktion der Büromöbel und -sitze ist das Verständnis gewachsen. Man denkt auch mehr an die Physiologie, man macht die Sitze automatisch beweglich, man erkennt, daß der Mensch ein sehr mobiles, ein sehr dynamisches Element ist, das sich unmittelbar ausdrücken muß im Produkt. Das Produkt als ein Werkzeug, aber nicht ein schwieriges, hinderliches, sondern ein unmittelbar ihm folgendes ihn erweiterndes potenzierendes: Das ist, was ich meine zu dem Phänomen Mensch, das, was in ihm schlummert, das, was er könnte, was er aber noch nicht darf, das was er selbst nicht artikulieren kann, ihn für unsere Produkte erkennen und sie dahin in dieser Richtung entwickeln.

Zum einen haben wir das Phänomen Technik. Eigentlich die Übertragung der Naturwissenschaft, so wie ich das sehe, in Geräte, die Kräfte, dargestellt und benutzt, in Mechanik oder in anderen Elementen, die naturwissenschaftliche, physikalische Welt umgsetzt in Werkzeuge. Nun, dieses Phänomen Technik, das sicher aufgrund der geschichtlichen Entwicklung und unserer Einsichten noch recht hinderlich war, immer eine Art Kompromiß darstellte zwischen den Wünschen und dem Machbaren, ist doch heute zunehmend in eine erstaunliche Bewegung geraten und hat gerade mit dem Einfluß der Elektronik und vieler anderer Techniken und Materialien Möglichkeiten erreicht, die wir uns vorher nicht vorstellen konnten. Taschenrechner, große Computer sind sehr klein geworden. Wir tragen sie schon am Handgelenk und können viele Dinge damit berechnen. Viele Dinge in der Technik haben eine Miniaturisierung erfahren und, ich meine, damit eine Entmaterialisierung.

Eigentlich sehe ich das Ziel der Technik darin, daß sie ihre Leistung besser erbringt, aber mit weniger technischem, gewichtlichen, konstruktiven Aufwand, d.h. eine Entmaterialisierung wäre das Ziel - wiederum zugunsten des Menschen - zugunsten dieses menschlichen Raumes, in dem er sich frei entfalten, bewegen kann, wahnnehmungsmäßig und auch physisch mit seinen Bewegungen in seiner Bequemlichkeit, in seinem Komfort. Das Phänomen Mensch muß zu einem Ergodesign führen, einem ergonomischen Design, wobei ich natürlich das Empfindsame miteinschließe. Das Phänomen Technik muß unbedingt zu dieser Entmaterialisierung führen und zu dieser höheren menschlichen Leistung.

Und darüber hinaus haben wir ein Phänomen Design. Natürlich gab es Design schon immer. In der Geschichte war der Designer und der Konstrukteur eine Person. Der Handwerker stellte eine sehr einfache elementare Form des Designer und des Konstrukteurs dar - sogar noch des Herstellers. Heute haben wir nicht nur Hersteller, Konstrukteur und Designer, ja wir haben eine enorme Spezialisierung vieler dieser Fachgebiete, und in der Wissenschaft selbst haben wir ein Enzyklopisierung, die fast nicht mehr durchschaubar ist. Ich möchte jetzt nicht einen übertriebenen Anspruch nur an den Designer stellen. Es ist ja ganz gleichgültig, wer diese Aufgabe übernimmt. Es geht aber darum, daß wir alle diese Erkenntnisse, die ja so phantastisch sind, zusammenbringen und wieder in diesem einen ganzheitlichen Produkt vereinigen. So wie wir nur ein Leben haben und nur eine Person sind, müssen wir auch die Produkte zu diesen Persönlichkeiten machen, in denen die Dinge wirklich voll integriert sind, voll gemeinsam die optimale Leistung erreichen, d.h. es gibt kein gutes Design und eine schlechte Konstruktion. Das ist immer schlecht. Und es gibt keine gute Konstruktion und ein schlechtes Design. Das ganze Fahrzeug wäre schlecht. Erst die Einheit, das Zusammenwirken aller Elemente, das ideale Zusammenwirken, das intelligente Zusammenwirken und das optimale Zusammenwirken, das auch Schönheit erzeugt, und das ist ja gerade das Stichwort, das uns anspricht. Wenn die Ausstrahlung des Produktes diesen hohen Grad der Schönheit erreicht hat, ist die Schönheit ja nur die Ausstrahlung des Sinnes, des Zweckes, der Logik, der Fähigkeit, der Intelligenz, die diese scheinbar widerstrebenden Kräfte zu gemeinsamen Kräften gebracht hat, und das Produkt wieder zu einer Einheit gebracht hat. Und in diesem Sinne hat eben Design diese Aufgabe, wenn es keine anderen Kräfte gibt, die das übernehmen könnten, keine anderen Gruppen, diese Einheit herzustellen. Das Wort Harmonisierung ist nicht genug. Das enthält immer noch diesen Kompromißcharakter. Das Koordinieren ist notwendig. Aber es muß zur Integration kommen, und es muß zu dieser Einheit kommen, die ich auch mit diesem Charakter, mit diesem ästhetischen Charakter der Schönheit vergleichen kann.

Das sind nicht nur, fast möchte ich sagen, philosophische oder ideologische Wünsche, idealistische Wünsche, sondern es hat seinen praktischen Wert. Wir wollen ja mit unseren Produkten den Menschen Werkzeuge oder Elemente geben, mit denen sie sich identifizieren, mit denen sie ihr Leben verbringen wie echte Partner. Und das bedeutet, sie müssen sie lieben, sie müssen sympathisch mit ihnen sein. D.h. die Produkte müssen ihnen sympathisch sein. Und diese Eigenschaft wird nur erreicht durch diesen Prozeß, durch diese Betrachtung.
Die Produkte haben aber auch damit einen höheren Wert. Wir steigern damit das Produkt. Wir lösen nicht nur Probleme. Wir steigern das Produkt und geben ihm damit einen Mehrwert. Produkte erreichen durch Design zwangsläufig einen Mehrwert, der wahrnehmbar ist. Und die Wahrnehmung ist ja tatsächlich das einzige Mittel, zunächst und fast überwiegend, mit dem wir Produkte auswählen. Insofern sind diese Mittel der Darstellung , der Darstellungen, die das Denken erlauben, nicht Darstellungen, die nur täuschen und gewissermaßen einnebeln in Wirkungen, sondern Darstellungen, die gleichzeitig emotional und rational wirken. Und insofern sehe ich auch den Inhalt dieses besonderen Symposiums hier, in dem es ja um die CAD rechnergestützte Konstruktion, das Computer Aided Design geht- sehe ich gerade darin die Mittel, die beide Gebiete Konstruktion wie Design und gerade für das Design dieses anschauliche nachvollziehbare, bewußstwerdende Design zu ermöglichen.

Nun, Design das hat natürlich das Ziel, Innovationen zu schaffen. Ich würde sagen, es hat - ich sehe für Designer keinen Sinn, ihr Leben, diesem Gebiet und ihrem Beruf zu opfern, wenn sie nicht etwas Neues machen können. Die Menschheit und nicht nur die Menschheit - der Mensch, der einzelne Mensch erwartet Stimulation. Sein Leben besteht aus diesen Regungen, die ihn immer wieder weiterbringen, neu beleben, Impulse schaffen. Und diese Stimulation erhält er nur durch Innovationen. Es müssen Veränderungen geschehen, nicht willkürliche, nicht störende, sondern wirklich sinnvolle, fast wie Evolutionen ablaufend. Aber es müssen grundlegende Veränderungen angestrebt werden, und ich bezeichne diese als Innovationen, echte Innovationen. Aber echte Innovationen entstehen nicht aus Design allein und nicht allein aus der Konstruktion. Sie entstehen nur aus dem Zusammenwirken beider. Und ich muß sagen, hohe Qualität von Design und Konstruktion beruht darin, daß alle Elemente gleichen Entwicklungsgrad haben. Es nützt nichts, wenn irgend ein Element einen besonderen Entwicklungsstand aufweist. Alle diese Elemente, die daran teilnehmen am Produkt, müssen gleiches Niveau erreichen. Dann erst - auch wenn sie nicht das Unerhörte, nur Utopische erreichen, auch wenn sie ganz bescheiden einen Fortschritt machen - aber wenn sie alle gleichzeitig das machen und Innovation betreiben, entstehen überraschende Innovationen, die wir ja fast als Erfindungen, als die neuen Dinge betrachten können.

Nun, die Methode, das zu machen, sehe ich eigentlich darin, daß wir ständig die Dinge in Frage stellen und neu erfinden. Daß wir ständig versuchen, zurückzublicken, darunterzuschauen und versuchen, die Ursachen dieser menschlichen Wünsche, Bedürfnisse und Möglichkeiten oder der Technik zu erkennen, die Dinge in Frage zu stellen, neu zu schaffen, neu zu ordnen. Oft genügt es, neue Verknüpfungen zu schaffen zwischen Altbekanntem, um völlig neue Konzeptionen hervorzubringen. Innovationen, damit meine ich die neuen Konzeptionen, neue Alternativen suchen, nicht Varianten. Sicher, in unserer Arbeit spielt die Variante eine große Rolle, aber im Grunde müssen wir auf die Alternativen zielen. Wenn wir in die Automobilgeschichte schauen, finden wir, die Fahrzeuge, die bedeutend waren, sind diejenigen, die echte Alternativen waren. Die bleiben im Gedächtnis, die stehen auf den Ausstellungen, die bestimmen eigentlich als Kulturdenkmäler den Weg der Gesellschaft weiter in die Zukunft. Und sie unterliegen auch nicht dieser zerstörerischen Kritik, die immer wieder dann ansetzt, wenn eine Müdigkeit oder Bequemlichkeit oder ein einseitiges Geschäfts- oder Kommerzdenken den Beruf und die Ziele deformiert.

Nun, die Methode, meine ich, ist Forschen, die Ursachen, die Bedürfenisse feststellen, die in diesen Phänomenen begründet sind, eben die unterliegenden Kräfte freizulegen. Die Methode ist aber auch, nicht nur sich konzentrieren, sondern sich ausbreiten, über die Grenzen hinausschauen, über die Grenzen des Fahrzeugdesigns hinausschauen, über das Design, über das Produkt hinaus. Das Fahrzeug fährt auf der Straße. Wir haben Verkehrszeichen. Wir sehen die Umwelt, die Stadt, die Urbanität. Wir haben weitere Verkehrssysteme, die ja von diesen Fahrzeugen, die wir alle benutzen, kaum wahrgenommen werden. Wir haben auch Flugzeuge und Schiffe. Ja, der Verkehr ist ein Ganzes. Das fängt beim Fußgänger an, das fängt beim Aufstehen und beim Bewegen in der Wohnung an. Das betrifft die weite Reise. Das betrifft den Transport von Gütern. Es besteht kaum eine ganzheitliche, gemeinsame Betrachtung. Aber ich meine, das müßte sich deutlich und entschiedener auch in den Fahrzeugen und im ganzen Verkehr reflektieren. Es müßte stets die Betrachtung des gesamten Verkehrs, der gesamten Mobilität der Menschen, wie ihrer Güter der neuen Gestaltung, den neuen Produkten zugrund egelegt werden. Verkehr ist das wichtigste Element mit all den Folgen für den Städtebau, für das Bauen, für das Wohnen in der Stadt, für das menschliche Zusammenleben und für die Umwelt, in der wir leben.

Ich glaube, dieses Wort genügt, um uns klarzumachen, daß wir mit unseren Produkten eine unerhörte Verantwortung tragen, die auch wahrgemacht werden muß.

Wir können dies, wenn wir es wollen. So optimistisch das Bild heute scheinbar aussieht, in der Designentwicklung, in den Produkten, die hier geschaffen werden, die alle sehr berauschend sind, zeigen sie doch nichts von dem, was in großen Gruppen der in der Menschheit heute vor sich geht, oder was viele Wissenschaftler in anderen Gebieten längst wissen, die sich anbahnenden Probleme und Katastrophen, was unsere gesamte erdliche Umwelt betrifft. Und ich meine hier hat das Automobil, das so wichtig ist und in Zukunft als die individuelle Mobilität weiter existieren wird,eine Rolle einzunehmen in bezug zu diesen Problemen, des Gesamtverkehrs und der Umwelt und des menschlichen Lebens in der Urbanität. Und ich meine, deshalb könnten und sollten andere Fahrzeuge entstehen.

Nun, ich als ein Mann der Schule der Design-Ausbildung und der Design-Entwicklung, kann darüber freier denken, kann mich entscheiden, das zu erkunden. Ich glaube, je naiver, je unbefangener man an diese Probleme herangeht und denkt, und nicht alle Argumente ständig wiederholt, die einem die Richtung eigentlich schon längst vorschreiben, desto sicherer wird man darin, zu dem was tatsächlich angestrebt werden soll.

Nun, das Ziel ist, diese Forschungsmethode einmal anzuwenden, einmal über die Grenzen hinausschauend, aus anderen Gebieten Erfahrungen in unsere Aufgaben hineinzutragen. Es findet ja bereits in wachsendemMaße durch Elektronik im Automobilbau statt, wobei ich glaube, daß auch die Sicherheit in hohem Maße in Zukunft mit der Elektronik gelöst werden könnte. Ich selbst habe mich ja vor Jahren damit beschäftigt, da wo die Ergonomie, d.h. das schnelle Erfassen, Handeln, Sehen nicht mehr ausreicht, die Elektronik an dieser Grenze einzusetzen. Und sicher werden wir dahin kommen, daß diese Techniken uns frei machen von dem zu schweren Fahrzeug. Wenn ich vorhin von Entmaterialisierung gesprochen habe, dann würde ich sagen, Fahrzeuge - Flugzeuge stellen schon ein recht entmaterialisiertes Produkt dar. Sie fliegen, weil sie so leicht sind. Wenn wir die so bauen würden wie Fahrzeuge, daß sie zusammenstoßen könnten, würde sich keins abheben. Und in gewissem Sinne ist es doch erstaunlich, daß wir Fahrzeuge bauen, die alle für den Zusammenstoß gebaut sind. Und ich meine, man müßte an diese Frage grundsätzlich angehen. Man muß Fahrzeuge bauen, die nicht zusammenstoßen können, die so leicht sind, daß wir sie gerade noch an den wichtigen Stellen berühren. Das würde sofort einen enormen Fortschritt ergeben, auch für unseren Freiheitsgrad, in Design und Konstruktion. Ich meine, die Elektronik wird darauf die Antwort geben.

Das Ziel unserer Arbeit, Design wie Konstruktion, ist eben, Innovation und Einheit schaffen. Einheit schaffen aus dieser vielseitigen Problematik. Das Ziel ist, das menschengerechte Produkt zu schaffen, das die Menschen anregt, das zum echten Partner des Menschen wird. Nicht dadurch daß Prestige- oder Mode sie überredet etwas auswählen, sondern daß ihren wahren Bedürfnisseninneren und Möglichkeiten voll entsprochen wird. Ich glaube, daß viele Elemente, die heute sehr wichtig im Automobilbau sind, Mode, Stil, ich hörte das Wort Zeitgeist, das ist alles richtig, nicht falsch, weiterhin ihre Rolle spielen. Aber daß stärker die Elemente, die zu stark Prestigeelemente sind, die auf andere Lebensformen und -attribute übertragen werden können. Wir werden mehr Schmuck tragen, wir werden modebewußter, und unseren Körper entdecken. Dies ist viel mehr als das Prestigefahrzeug, das in irgendeinem Parkplatz abgestellt wird. Ich meine, die Fahrzeuge werden mehr Vernunft annehmen müssen, und die tun das ja auch bereits. Ich spreche nur Dinge aus, die längst im Gange sind, und die Phantasie muß dazu dienen diese Entwicklung zu beschleunigen, diese Vernunft in einem hohen Maße sympathisch zu machen und sie so reich zu machen, daß wir in diesen neuen zukünftigen Produkten keinen Unterschied mehr zwischen dieser Vernunft und Phantasie sehen.

Im folgenden sollen einige exemplarische Bilder aus meiner Arbeit diese Gedanken und Ziele veranschaulichen, Design und Konstruktion in neuartiger, gemeinsamer Weise umzusetzen und zu entwickeln. Diese Bilder zeigen Versuche auf anderen Gebieten, wie man mit den vorhandenen Elementen in neuartiger Verknüpfung Technik und Design entmaterialisiert, Komfort optimiert und damit zu neuen Erscheinungsbildern gelangt. Da sind meine ersten Arbeiten, die ich damals für FIAT gemacht habe- neue Fahrersitze in Forschungsautos (Bild 1. + 2.). Das waren Sicherheitsfahrzeuge. Ich zeige nur diesen Teil. Es wurden viele weitere Elemente entwickelt. Überlegung war, Netz verwenden. Es perspiriert, es atmet, es paßt sich an. Es ist ein leichtes Material; es nimmt kein Volumen in Anspruch, in Rahmen gespannt, das geometrische Denken als Grundlage, das trotzdem unerhört reiche phantasievolle Formen erzeugt. Und diese Formen hier sind also sehr klar definierbar und ergeben den menschlicen Kontaktformen entsprechende Sattelflächen. Sie erkennen das einfache Netz, den Rahmen, die Verbindung, den Aufbau.

Bild 1.

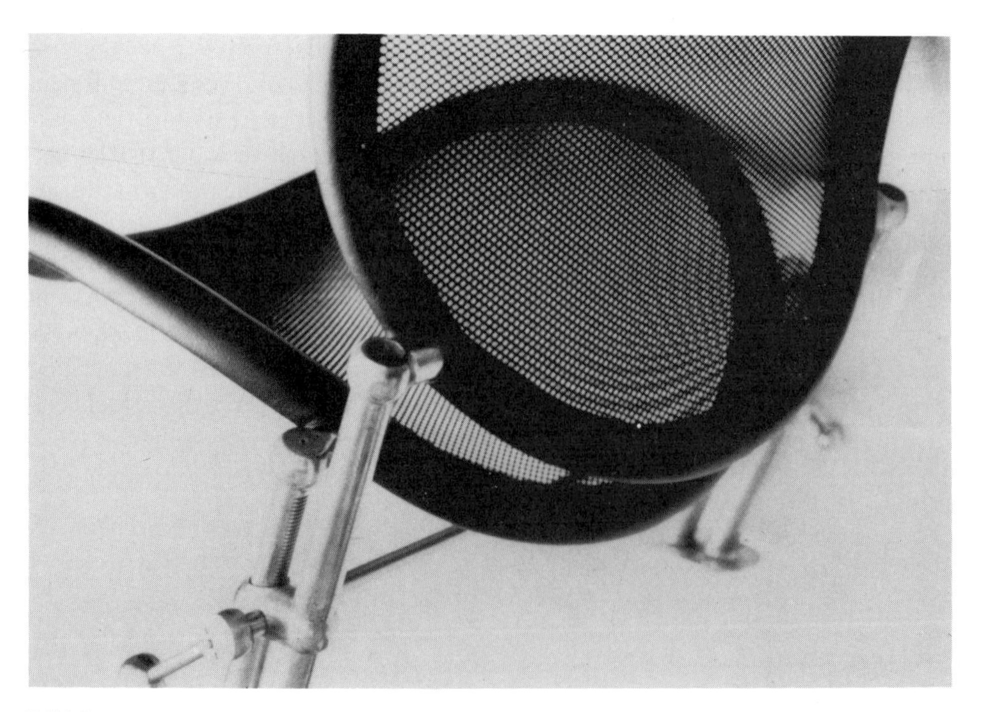

Bild 2.

Da diese Gedanken sich zu der damaligen Zeit, auch noch heute vermutlich, nicht leicht durchsetzen, habe ich das übertragen auf den Wohnbereich. Im Wohnbereich üben wir viel mehr Experimentierfähigkeit, und wir müssen sagen, die Leute, die wohnen, fahren ja auch Auto. Trotzdem wird der Autofahrer oder die Bevölkerung unterschätzt in ihrer Fähigkeit, neue Gedanken aufzunehmen. Ihre Wohnungen sind längst ausgestattet mit Produkten, die stark experimentell sind und trotzdem hohen Komfortcharakter haben.
Hier wird gezeigt, wie aus wenigen Elementen diese Sitzmöbel gebaut werden, die Reichtum über das Material ausstrahlen. Die Gliederung des Materials bis in die feinste Oberfläche, diese Netzwirkung, die Muster, die Überdeckung, die Moiré-Effekte. Alle zusammen machen ein solches Produkt aus jeder Richtung ständig - wenn ich mich bewege und das Produkt stillsteht attraktiv und ausstrahlend. Produkte, auch wenn sie nicht benutzt sind, auch wenn niemand drin sitzt, sollten einen solchen Reiz ausstrahlen, daß sie einfach als Objekt, als ein Denk- und Gestaltungsobjekt, als ein ästhetisches Objekt uns ständig bereichern, stimulieren und nicht stören. Und viele Produkte - gerade wenn wir in den Bürobereich schauen oder in den Gebrauchsgüterbereich haben diesen Charakter nicht. Deshalb hat sich Design - hier möchte ich das einfügen - ja inzwischen längst schon auf den Weg gemacht, diesen vernachlässigten sogenannten rein technischen Bereich, Motoren oder Getriebe zu gestalten. Ich habe selbst einen solchen Auftrag durchgeführt, ein Getriebe zu gestalten. Ich habe mich erst gefragt, warum soll ich das machen. Man hat mir gesagt, wir glauben, wir erreichen dadurch ein optimaleres Produkt für die Präsentation und für die Anwendung. Es wirkt charakteristisch und klar - es zeigt die Kräfte, die in dieser Schale fließen, und es zeigt die Logik und die Qualität, mit der wir sorgfältig ein Produkt behandeln.

Hier ein ganz anderes Beispiel: Verwendung neuer Materialien in einem Bereich, in dem man sie vorher nicht verwendet hat - Federstahl (Bild 3.).

Bild 3.

Federstahl, das ohne Gelenke in sich eine unerhörte Flexibilität besitzt, richtig positioniert - alle Teile sind Federstahl - ergeben sich aus diesen Scharen von Kreisen und Bogen. Beim Daraufsitzen eine Bewegungsmöglichkeit, die ständig unserem eigenem Bewegungswunsch entspricht. Und die Transparenz des nicht besetzten Objektes, das den Raum nicht zerstört, und das Erscheinungsbild, das diese Entmaterialisierung in sich hat. Es ist natürlich wichtig, daß solche Dinge nicht banal sind, sondern daß sie einen Reichtum beinhalten, damit sie ständig angenommen werden können.

Hier einige Details - die Transparenz - die Farbe. Die Farbe, die auch sehr stark sein kann gerade bei transparenten Produkten und sich damit immer einbindet in die Umwelt. Und so sehe ich die Produkte, die immer in einer Umwelt sind, in der sie nicht stören sondern sich einbinden sollen, und gleichzeitig sie bereichern.

Nun die Übertragung des früher gezeigten Netz- Fahrersitzes in den Büro-, Arbeits- oder Warteplatzsitz. Sie sehen die Konstruktion einfach und reduziert, radikal ausgekragt. Hier ist versucht, Konstruktionen einfach zu machen und ihre Möglichkeiten gleichzeitig mutig im Dienst des Komforts und Designs mutig auszuschöpfen. Aber auch wenn wir das von den menschlichen Bedingungen her sehen: Beinfreiheit, Elastizität in dem Netz, im Rahmen, in der Verbindung der Rahmen, im Fuß, in der Platte (Bild 4. + 5.) - alles zusammen akkumuliert, und ein scheinbar starres Produkt gewinnt über die Elementfolge hin, die gleiche Elastizität und Anpassung, eine bessere, eine progressive und eine degressive kraftvolle Anpassung an die Form und Bewegung des Körpers, als es mechanische Polster-Lösungen erzeugen können.

Bild 4.

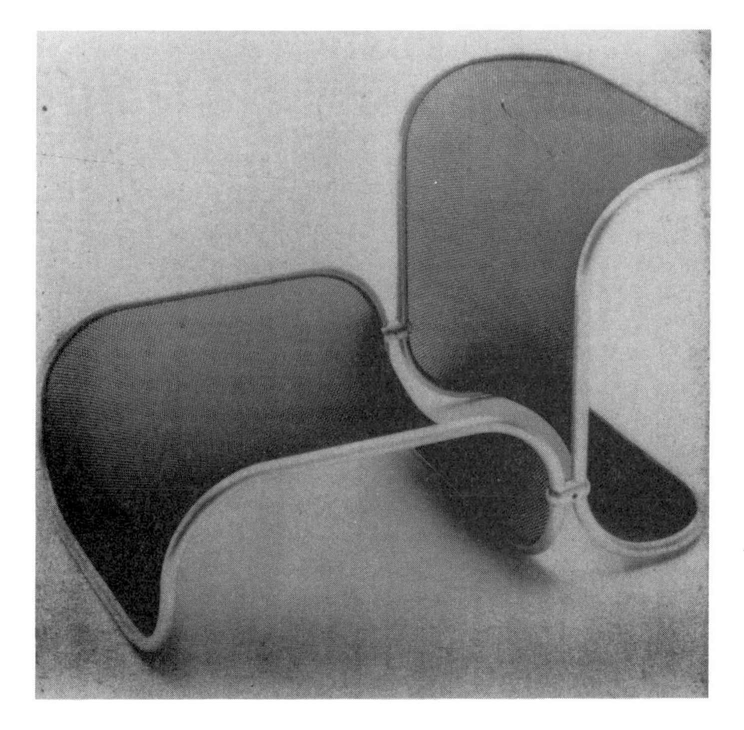

Bild 5.

Die Aufgabe des Designers ist, auch hier die Technik voll zu beherrschen und sorgfältig alle Details der Designerarbeit mit zu unterwerfen. Nicht sagen, wir haben eine Außenhaut oder eine Innenhaut, nein, wir sind auch mitverantwortlich für das, was dazwischenliegt. Durchdesignen, durchdringen gemeinsam mit dem Konstrukteur oder selbst Konstrukteur spielen, wenn da die Erfahrungen oder die Möglichkeiten fehlen. In diesen Produkten ist es natürlich möglich für den Designer, aber auch im Kraftfahrzeug gibt es viele Bereiche, in der die Mitwirkung des Designers zweifellos zu Verbesserungen, zu Vereinfachungen und dieser Integration führt, wo eins das andere stützt. Denn nach wie vor ist das Fahrzeug noch eine Summe von Produkten, die zusammenkommen. Das Fahrzeug könnte stärker zu einer Integration werden. Wie endet ein Material, wie wird es gefaßt - unsichtbar - und hier gilt zweifellos die Regel, daß dieser Gedanke der Entmaterialisierung auch dahin gehen muß, daß wir die sie so natürlich miteinander verbinden, daß Technik als ästhetischer Ausdruck keine Rolle mehr spielt, daß nur das Essentielle der Materialien und ihrer Verbindungen und ihrer Form klar und knapp zum Ausdruck kommt, und nicht unnötige und unintelligente Verbindungen und Flächen oder Räume einnimmt.

Und nun kurz, wie könnte sich so etwas in Fahrzeugen auswirken. Ich habe mir die Frage gestellt, wie würde ich ein Fahrzeug in der Zukunft mehr im Verkehrssystem im ganzen sehen. Nun ein Fahrzeug, BBC - Basic-Concept-Car -, das Technik von Kabine trennt - Innenraum gleich Außenraum. Technik unten, Lebensraum oben. Länge: 3 m, weniger als 3 m. 3 m geht quer auf die Eisenbahn, vielleicht werden die Eisenbahnen in Zukunft mit diesen superschnellen Zügen noch breiter (Bild 6. + 7.).

Bild 6.

Bild 7.

Man könnte dann ja länger werden, oder wir klappen heute irgendwas weg und verkürzen so ein Längeres. Auf diese Weise entsteht sehr einfach ein Verkehrsverbund, entsteht ein Produkt, das industriell sehr gut zu fertigen ist. Durch die Trennung dieser Teile entsteht die Möglichkeit der freieren Karrosseriegestaltung oben in vielfältigster Weise. Sie sehen hier die Motorlage hinten, Antrieb vorn (Bild 8.). Dasselbe Fahrzeug ebenfalls alternativ möglich für Elektro- und Benzinantrieb.

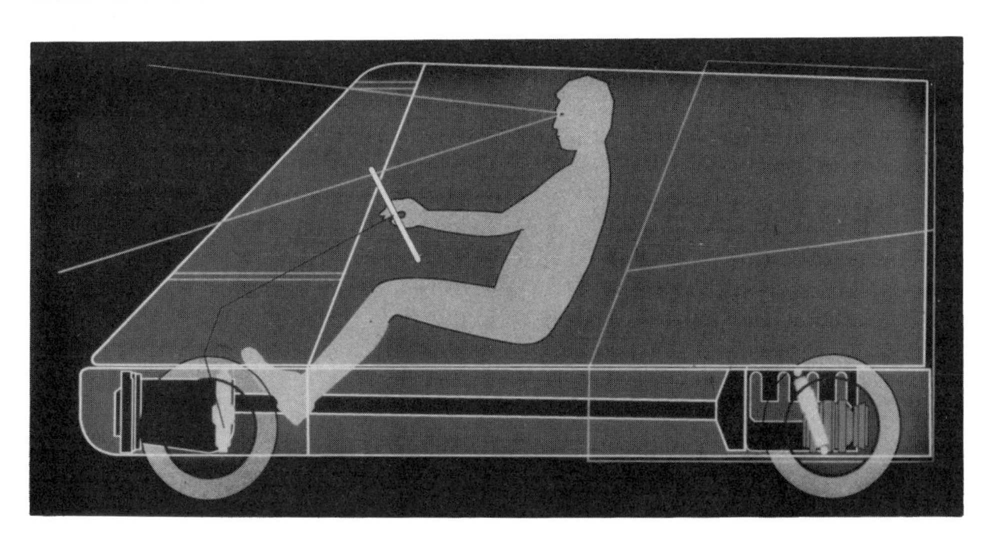

Bild 8.

Hier ist die Einstiegsöffnung, sehr wichtig. Das Dach geht weg. Man kann wirklich einsteigen. Wenn wir an die Ergonomie denken, müssen wir sagen, daß trotz aller Bemühungen das Einsteigen in und Aussteigen aus Fahrzeugen und besonders bei der zunehmenden Alterung der Bevölkerung und auch insgesamt, wenn wir auch von uns Ansprüche stellen, an ein bequemes Bewegen, ungünstig sind. Nun der Plan der Gesamtanordnung (Bild 9.) dieses tatsächlich 3m-Fahrzeuges, das in Pforzheim sehr genau studiert wurde, basierend auf einer früheren eigenen Entwicklung für FIAT , so daß hier alle Bedingungen der heutigen Verkehrssicherheit und Realisierbarkeit gewährleistet sind (Bild 10. + 11.).

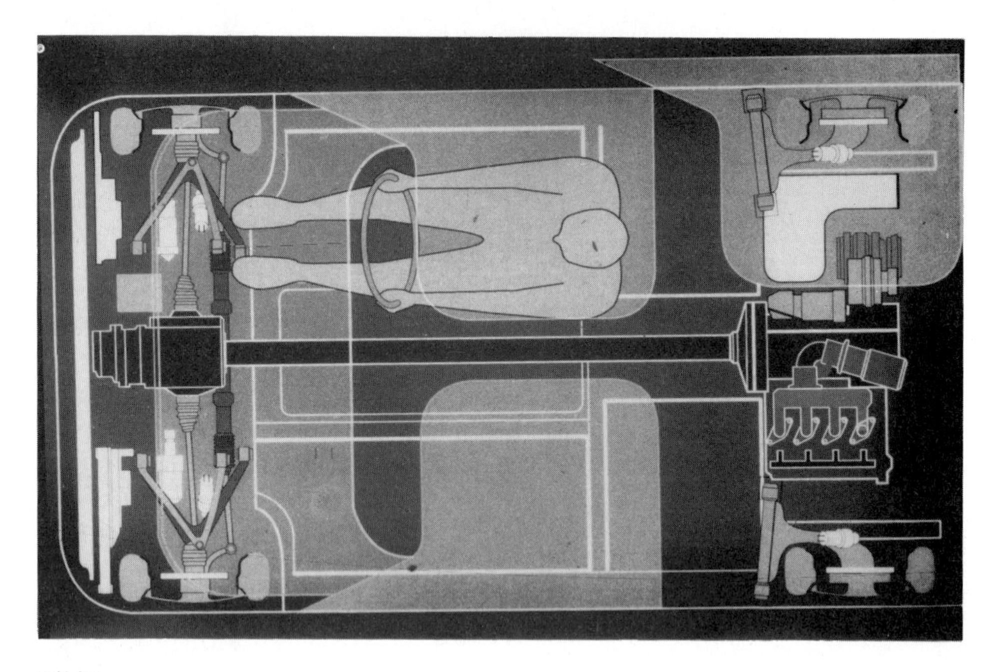

Bild 9.

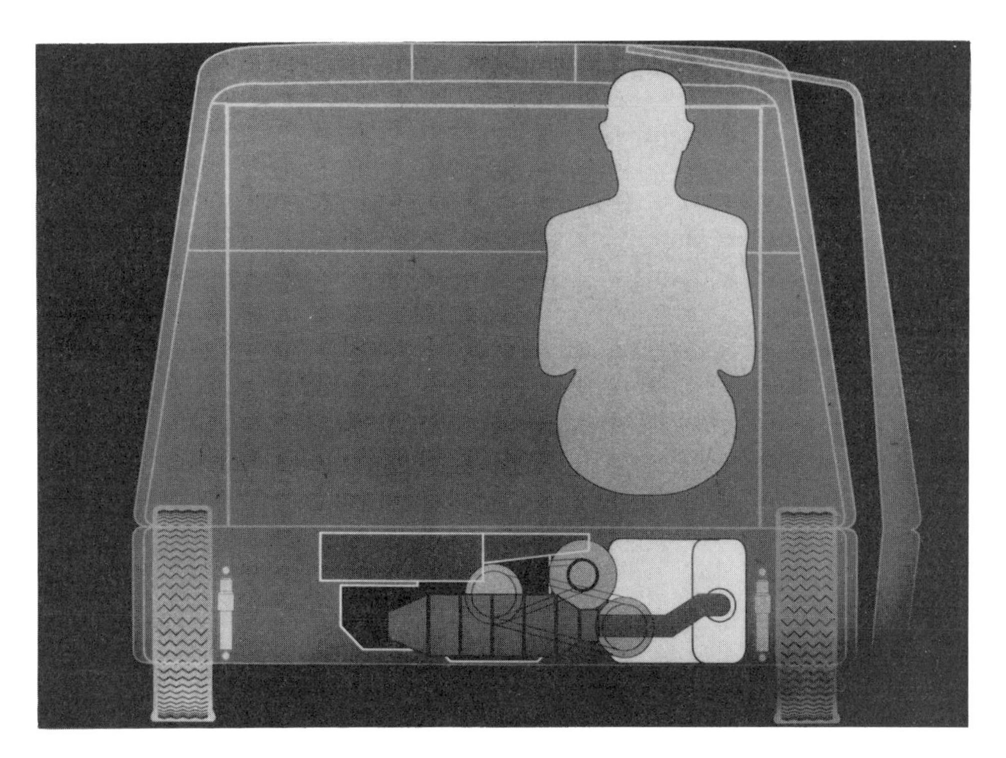

Bild 10.

Bild 11.

Ist ein solches Beispiel nicht überraschend und überzeugend, macht es uns nicht optimistisch, weckt es nicht unsere gemeinsame Bereitschaft mit Vernunft und Fantasie gemeinsam unsere Grenzen zu überwinden und die Zukunft für den Menschen vorauszuschauen.